DAS GEHEIMNIS DER

# ALL BLACKS

James Kerr

# DAS GEHEIMNIS DER ALL BLACKS

## Was wir von der neuseeländischen Rugby-Nationalmannschaft über Leadership lernen können

COPRESS

Die Originalausgabe „Legacy. What the All Blacks Can Teach Us About the Business of Life. 15 Lessons in Leadership“ erschien 2013 im Verlag Constable & Robinson Ltd.



4., durchgesehene Auflage 2024


Copress Verlag in der
Stiebner Verlag GmbH
Lothstraße 4
80335 München
www.copress.de

Übersetzung aus dem Englischen: Andreas Bredenfeld
Redaktion: Julia Niehaus, lektorat plus, Berlin
Layout: Dirk Brauns, estra.de, Berlin
Covergestaltung: Pierre Sick

Bibliografische Information der Deutschen Nationalbibliothek
Die Deutsche Nationalbibliothek verzeichnet diese Publikation in der Deutschen Nationalbibliografie; detaillierte bibliografische Daten sind im Internet über http://dnb.dnb.de abrufbar.



ISBN 978-3-7679-1230-4

Druck: Central Dabas Printing House, Ungarn

Dieser Titel ist auch als E-book erhältlich (ISBN 978-3-7679-2062-0).

*Für Jo Jo.*
*Alle, die vor ihr kamen, und alle,*
*die nach ihr kommen werden.*

*Kua hinga te tōtara haemata i te wao nui a Tāne.*
Ein mächtiger Baum ist umgestürzt im Wald von Tāne.

*„Außergewöhnliche Erfolge erfordern*
*ein außergewöhnliches Umfeld.“*

Wayne Smith, ehemaliger Assistenztrainer der All Blacks

# DIE HERAUSFORDERUNG

Wenn ein gegnerisches Team gegen die neuseeländische Rugby-Nationalmannschaft – die All Blacks – antritt, muss es den Haka über sich ergehen lassen, einen streng durchritualisierten Tanz, mit dem das Team den Kampf eröffnet und den Gegner herausfordert. Die Maori glauben, dass mit dem Haka die *tīpuna*, unsere Ahnen, aus den Tiefen der Erde in die Seele gerufen werden, damit sie uns in unserem irdischen Kampf zur Seite stehen. Dieser Ruf erinnert an das dumpfe Grollen eines Erdbebens – *ngunguru*:

> „Das ist der Tod! Das ist der Tod!
> Ich bin in Todesgefahr! Ich bin in Todesgefahr!
> Das ist das Leben! Das ist das Leben!
> Vielleicht überlebe ich! Vielleicht überlebe ich!“

Die gegnerischen Mannschaften reagieren ganz unterschiedlich auf den Haka. Manche versuchen ihn zu ignorieren. Andere machen einige Schritte auf die tanzenden All Blacks zu. Die meisten stellen sich Schulter an Schulter auf, wenn vor ihnen der Haka aufgeführt wird. Wie auch immer die Gegner nach außen hin reagieren – sie wissen genau: Sie stehen vor einem Team, das mehr ist als die Summe der 15 Einzelspieler. Hier haben sie es mit einer Kultur, einer Identität, einem Glauben zu tun – und mit einer kollektiven Leidenschaft, einem gemeinsamen Ziel, das über alles hinausgeht, was ihnen bis dahin untergekommen ist.

Wenn der Haka seinen Höhepunkt erreicht, haben viele Gegner die Partie schon verloren. Denn wie im Geschäftsleben und in vielen anderen Lebensbereichen spielt sich beim Rugby das Entscheidende im Kopf ab. Die All Blacks sind die erfolgreichste Rugby-Mannschaft aller Zeiten. Manche bezeichnen sie als beste Mannschaft der Sportgeschichte. Seit Beginn der Profi-Ära können sie eine unglaubliche Siegesquote von über 86 Prozent vorweisen, und sie sind der amtierende Weltmeister.

Wie schaffen die All Blacks das?
Was ist ihr Erfolgsgeheimnis?
Worin besteht ihr Wettbewerbsvorteil?
Was können wir von ihnen lernen?

---

Im Juni 2010 begleitete ich zusammen mit dem Fotojournalisten Nick Danziger die All Blacks fünf Wochen lang auf Schritt und Tritt. Damals lief gerade die Vorbereitung auf die Rugby-Weltmeisterschaft an. Aus meiner privilegierten Position konnte ich mich mit der ganz besonderen Hochleistungskultur der All Blacks vertraut machen und feststellen, dass die Arbeitsweise dieser Mannschaft ein wirkungsvolles und inspirierendes Vorbild für Führungskräfte in anderen Bereichen sein kann.

Im Februar 2013 traf ich erneut den früheren Teamtrainer Sir Graham Henry und seine Assistenten Wayne Smith und Gilbert Enoka, die entscheidenden Anteil am WM-Erfolg der All Blacks hatten, und befragte sie zu ihrem Führungsstil. Außerdem führte ich Gespräche mit legendären ehemaligen All Blacks, Werbeleuten, Managementberatern, HR-Spezialisten und Personalrekrutierern, Dozenten, Designern, Anwälten, mehreren Psychiatern, Psychologen und Physiotherapeuten, einem Opernsänger, einem Stunt-Piloten und mit Fachleuten, die sich intensiv mit den Stammesbräuchen, der Sprache und der Glaubenswelt der Maori befasst haben. Meine Rechercheergebnisse verknüpfte ich mit eigenen Erfahrungen, die ich in führenden internationalen Unternehmen mit markenbezogenem Storytelling, Kulturveränderung und Motivation gesammelt habe. Ich wollte herausfinden, warum die All Blacks so erfolgreich sind und was wir von ihnen für unsere Unternehmen und für unser Leben lernen können. Aus den Erkenntnissen, die ich dabei gewonnen habe, ist dieses Buch geworden.

---

Der Haka mahnt uns, wie fragil das Leben ist. Wie knapp die Zeit ist, die uns zur Verfügung steht. Und wie viel wir noch zu tun haben.

Er ruft uns in Erinnerung:

Unsere Zeit ist jetzt.

James Kerr

# INHALT

# I
# CHARAKTER

*Waiho mā te tangata e mihi.*
Überlass es anderen, deine Stärken zu loben.

## FEGE DIE KABINE

Sei dir nicht zu schade
für die kleinen Dinge,
die erledigt werden
müssen.

**Neuseeland – Wales, Carisbrook, Dunedin, 19. Juni 2010**

„In Carisbrook ist es immer kalt“, sagt Conrad Smith, Center der All Blacks. „Der Wind peitscht aus der Antarktis herüber und lässt dir das Gemächt einfrieren.“ Auf den Plakaten für das bevorstehende Match prangt die Aufschrift: „Welcome to the House of Pain“. Cheftrainer Graham Henry macht mit seiner Frau Raewyn einen Spaziergang – ein vertrautes Ritual vor jedem Spiel. Seine Assistenten Wayne Smith und Steve Hansen plaudern im Frühstücksraum des Hotels mit Manager Darren Shand. Mentaltrainer Gilbert Enoka geht von Spieler zu Spieler und wechselt mit jedem ein paar Worte. Sie nennen ihn den barfüßigen Guru – „Barefoot Guru“.

Eine Etage über uns legt Zeugwart Errol Collins – Spitzname „Possum“ – die Trikots bereit. Jedes Team hat seinen „Poss“. Er ist für die Ausrüstung zuständig – Schutzpolster für die Torpfosten, Trainingsbälle, Warm-up-Jacken, Kaugummis, Trainingsstutzen und ein paar gute, nicht immer ganz ernst gemeinte Ratschläge. Der eigentliche Auftrag des Zeugwarts ist es, die Spieler zu umsorgen. Vor Test Matches legt er das schwarze Trikot aus. Bei den Maori gibt es das Wort *taonga*. Es bedeutet „Schatz“. Das schwarze Trikot ist ein solcher *taonga*, ein heiliger Gegenstand. Das schwarze Trikot mit dem Silberfarn. Seit die „Originals“ 1905 auf den Plan traten und Europa im Sturm eroberten, ist das schwarze Trikot ein Symbol für das Wesen und die Hoffnungen des kleinen Inselvolkes. In rund hundert Jahren wurde aus dem eher behelfsmäßigen Kleidungsstück mit den Schnürbändern am Kragen die moderne, schweißableitende und eng anliegende Gladiatorenrüstung von heute. Aber im Grunde ist das Trikot bis heute geblieben, was es immer war: Inbegriff für Höchstleistung, harte Arbeit und die Fähigkeit der Neuseeländer, sich mit Einsatz, Opferbereitschaft und Können an die Weltspitze zu arbeiten.

> Erfolgreichen Leadern gelingt die Balance zwischen Stolz und Demut: Stolz auf die eigene Leistung, Demut vor der gewaltigen Aufgabe.

Nach einem frühen Mittagessen – Hähnchen, Ofenkartoffeln – eilen die Spieler zu zweit oder zu dritt ins Obergeschoss: der Kapitän, Richie

McCaw, Kieran Read, Tony Woodcock, Brad Thorn, Joe Rokocokon ... Die Auserwählten. Sie nehmen ihre Insignien entgegen: schwarze Shorts, schwarze Socken mit drei weißen Streifen, das schwarze Trikot mit dem silbernen Farnblatt. Sobald sie das Trikot übergestreift haben, nehmen ihre Gesichter eine entschlossene Siegermiene an. Aus Rugbyspielern werden All Blacks. „Ich erinnere mich noch an das erste Trikot von Richie McCaw", erzählt Gilbert Enoka. „Er hatte die Angewohnheit, für etwa 45 Sekunden seinen Kopf darin zu vergraben." Heute bestreitet McCaw sein 91. Test Match.

---

„Ein Sieg gegen Wales reicht heute nicht", verkündet ein Experte. „Heute muss ein hoher Sieg her." Im Stadion scheppern Bierdosen gegen die Bande. Am Himmel dreht ein Hubschrauber knatternd seine Runden. Jemand verkauft T-Shirts.

McCaw steigt aus dem Bus. Ein wildes Geschrei hebt an – ein *pōwhiri*. So heißt der traditionelle Willkommensgruß der Maori. Ein Maori hat einen *taiaha* – einen Wurfspeer – mitgebracht. Blitzlichtgewitter. McCaw nimmt die symbolische Herausforderung im Namen der Mannschaft entgegen. Frauen fallen in Ohnmacht. Männer ebenso. Die All Blacks eilen in Richtung Kabine.

In den Katakomben des Stadions stehen auf aufgebockten Tischen jede Menge Salben zum Einreiben, Bandagen und Becher mit Kohlenhydrate-Drinks. An der Wand hängt die neuseeländische Flagge, eine Kombination aus Union Jack und dem Kreuz des Südens. Von Theatralik ist nichts zu spüren. Das Team bereitet sich im Stillen vor. Viele haben Kopfhörer auf den Ohren. Oben ertönt ein 35.000-stimmiger Gesang: „Black! Black! Black!" Während sich die Spieler bereitmachen, hält sich das Trainergespann im Hintergrund. Aufpeitschende Rhetorik? Fehlanzeige. Allenfalls ein Wort hier, ein Schulterklopfen da. Jetzt dreht sich alles um die Spieler und darum, zum Team zu verschmelzen. Die Zeit des Redens ist vorbei. Jetzt wird Rugby gespielt.

---

Für Dan Carter wird es nicht nur ein guter Tag, sondern einer seiner besten überhaupt. Der Spielmacher der Neuseeländer legt zwei Versuche. Der zweite wird mehrmals hintereinander in der Wiederholung gezeigt.

Carter erzielt 27 Punkte und erweist sich als die perfekte Nummer 10. In den Zeitungen wird später zu lesen sein: „Die Waliser fanden kein Gegenmittel." Die All Blacks gewinnen mit 42 zu 7. Carter hat einmal mehr bewiesen, dass er unentbehrlich ist. Doch vor allem ist es Richie McCaws Sternstunde. Nach dem heutigen Spiel ist er laut Statistik der erfolgreichste Mannschaftskapitän, den die All Blacks je hatten.

---

In der Kabine geht es feuchtfröhlich zu. Der Raum füllt sich mit Journalisten, Politikern, Sponsoren, deren Söhnen und den besten Freunden der Söhne. Dr. Deb vernäht ein paar Wunden. Richie McCaw schleppt sich nach draußen zu den Medienvertretern. Ein paar Forwards bibbern in großen, mit Eis gefüllten Abfalleimern – die allerneueste Regenerationsmethode. Im Hintergrund läuft Rap und später Reggae. Nach einer Weile komplimentiert Teammanager Darren Shand alle Außenstehenden hinaus. Jetzt ist nur noch das Team im Raum. Im Allerheiligsten. McCaw, Read, Thorn, Smith, Carter, Dagg, Muliaina. Alles berühmte Namen. Wer sie so aneinandergequetscht auf den Bänken sitzen sieht, könnte sie für etwas groß geratene Schuljungs halten. Nachbesprechung.

Die Gesprächsleitung übernimmt Mils Muliaina, der wegen einer Verletzung nicht mitspielen konnte und heute zum „Off-field Captain" gekürt wurde. Die Spielregeln der Besprechung sind ähnlich wie in einem *whare*. So heißt das Versammlungshaus der Maori, in dem jeder sprechen, seine Sicht der Dinge darlegen und seine Geschichte erzählen kann. Muliaina erteilt Assistenztrainer Steve Hansen alias „Shag" das Wort. Er nimmt kein Blatt vor den Mund: „Das war gut, aber nicht gut genug. Die Gassenarbeit müssen wir deutlich verbessern. Wir dürfen uns keine Fehler erlauben. Andere Gegner werden es uns nicht so leicht machen. Wir müssen auf dem Teppich bleiben und dürfen nicht leichtsinnig werden. Vor uns liegen mehrere schwere Spiele." Er übergibt das Wort an Wayne Smith, den anderen Assistenztrainer. Smithy ist ein strammer, hagerer Typ mit scharfem Blick und

> **Das ist die Herausforderung: Sich immer weiter verbessern, immer besser werden – auch wenn du schon der Beste bist. Gerade dann, wenn du der Beste bist.**

markanten Gesichtszügen. Er kennt seine Männer. Er weiß, wie sie denken, wie sie arbeiten, wie man das Beste aus ihnen herausholt und wie viel Mumm sie in den Knochen haben. Er spricht in aller Kürze ein paar wichtige Punkte an und übergibt an „Gilly", Dr. Nic Gill, den Konditionstrainer. Nach Gilly ist Graham Henry alias „Ted" an der Reihe, der als Cheftrainer so etwas wie der Rektor der All Blacks ist. Im Fernsehen kommt der trockene Humor des geistreichen Henry nicht immer so richtig zur Geltung. Er ist hier der Boss, die graue Eminenz, der Zirkusdirektor für die Roadshow der All Blacks.

Henry gratuliert McCaw, der sich seit heute den erfolgreichsten All-Blacks-Kapitän aller Zeiten nennen darf. Dann gibt er den Spielern noch mit auf den Weg, dass sie sich auf eine Menge Arbeit einstellen sollen. Jede Menge. Muliaina empfiehlt den Spielern, sich immer wieder vor Augen zu führen, welche Entbehrungen sie auf sich genommen haben, damit sie in diesem Raum dabei sein dürfen. Zum Schluss fordert er alle auf, auf McCaw anzustoßen.

„To Skip!", sagt der Off-Field Captain.

„To Skip!", schallt es ihm entgegen.

„Gut gemacht, Jungs", sagt er. „Auf geht's."

---

In diesem Moment passiert etwas, das man nicht erwarten würde. Zwei ältere Spieler – einer der beiden war schon zweimal internationaler Spieler des Jahres – greifen sich jeweils einen Besen und machen sich daran, die Kabine zu fegen. Sie fegen den Dreck und die Bandagenreste in die Ecke, wo sie kleine Häuflein bilden. Während die Menschen im Land sich im Fernsehen die Replays ansehen und die schulpflichtigen Kids in ihren Betten vom Ruhm der All Blacks träumen, beseitigen die All Blacks eigenhändig die Unordnung, die sie hinterlassen haben. Sie fegen die Kabine aus.

Und sie fegen sehr gewissenhaft.

Damit es niemand anderes machen muss.

Denn niemand räumt den All Blacks hinterher.

Die All Blacks sorgen für sich selbst.

---

„Das ist gelebte Selbstdisziplin", sagt Andrew Mehrtens, der einmal Verbinder der All Blacks war (die Neuseeländer nennen diese Position „first five eight") und bis heute der zweiterfolgreichste Scorer ist, den die All Blacks je in ihren Reihen hatten. „Hier wird nicht davon ausgegangen, dass einem jemand die Arbeit abnimmt. Dadurch lernt man auch, nicht abzuwarten, bis einem Arbeit aufgetragen wird."

**Eine Ansammlung talentierter Einzelspieler ohne Selbstdisziplin ist zum Scheitern verurteilt. Charakter schlägt Talent.**

„Wer im täglichen Leben Selbstdisziplin übt", meint Mehrtens, „ist auch auf dem Spielfeld disziplinierter. Wenn die Jungs als Mannschaft an einem Strang ziehen sollen, braucht es Disziplin. Mit einer Truppe von Individualisten fängst du nichts an. Das heißt nicht, dass du automatisch jedes Spiel gewinnst", erklärt er, „aber auf lange Sicht wird das Team dadurch besser."

---

Vince Lombardi, der legendäre Coach des American-Football-Teams Green Bay Packers, übernahm bei seinem Amtsantritt eine Truppe, die das Glück im Stich gelassen hatte. Seit Jahren dümpelten die Green Bay Packers im Tabellenkeller der NFL vor sich hin. Nicht einmal die Fans glaubten an ein Comeback. Das war 1959. Zwei Jahre später gewann die Mannschaft die NFL. 1962 und 1965 wiederholten sie diesen Erfolg. 1966 und 1967 holten sie den Super Bowl. Sein Erfolgsrezept – er nannte es das „Lombardi-Modell" – ging von einer einfachen Erkenntnis aus:

> „Nur wer sich selbst kennt, kann wirksam führen."

Für Lombardi war Selbsterkenntnis die Grundlage für alles andere. Auf diesem Fundament führte er seine Teams und sich selbst zum Erfolg. Im ersten Schritt müssen wir uns also unsere eigenen Werte klarmachen und uns zu diesen bekennen. Wenn wir das eigene Ich erkennen, so Lombardis Überzeugung, entwickeln wir uns zu integren Menschen mit Charakter. Und Charakter und Integrität sind der Nährboden für Qualitäten, die ein Leader braucht.

Jon Kabat-Zinn erzählt (in seinem Buch *Wherever You Go, There You Are*)* eine Episode aus dem Leben des visionären Architekten und Denkers Buckminster Fuller. Fuller stand in einer tief deprimierten Phase einmal kurz davor, Selbstmord zu begehen, bis er sich ein paar Fragen stellte, die sein Leben grundlegend veränderten:

> „Was ist meine Aufgabe auf diesem Planeten? Was gibt es, das getan werden muss, womit ich mich ein bisschen auskenne und das wahrscheinlich nicht geschehen wird, wenn ich es nicht in die Hand nehme?“

Diese Fragen wurden zur Inspirationsquelle für Lombardi und können auch uns inspirieren. Konkret kann das heißen, dass wir Verantwortung für ein Team, für ein Unternehmen oder auch für das Leben Tausender Menschen übernehmen. Oder es kann schlicht und einfach heißen, dass wir die Kabine fegen. In beiden Fällen ist es der Charakter, auf dem alles aufbaut. Und Charakter entsteht zunächst einmal durch Demut. Jedes Mal zum Saisonstart hielt Lombardi das schweinslederne Spielgerät der Football-Spieler in die Höhe und sprach: „Das hier, meine Herren, ist ein Football.“

---

Unter ihrem Coach John Wooden gewannen die Basketballer der UCLA Bruins sieben Jahre hintereinander die landesweiten US-Collegemeisterschaften – zum ersten Mal 1967. Zu Beginn jeder neuen Saison, so berichtet die Autorin Claudia Luther, setzte sich Wooden mit seinem Team in der Umkleidekabine zusammen und erklärte in aller Ausführlichkeit – und das konnte sehr, sehr lange dauern –, wie man Basketballsocken richtig anzieht:

> „Schaut euch die Ferse ganz genau an. Der Strumpf muss absolut faltenfrei sitzen ... Mit jeder Falte handelt ihr euch todsicher eine Blase ein, und jede Blase kostet Spielzeit. Und wenn es dumm

---

***Anm. der Redaktion:** Wo der Autor aus Büchern zitiert, die ins Deutsche übersetzt wurden (siehe Referenzen S. 196), wurde in der Regel die deutsche Übersetzung zitiert, wenn sie im Internet verfügbar war. Alle anderen Zitate wurden vom Übersetzer selbst übertragen.

läuft, wird am Ende der Trainer an die Luft gesetzt, nur weil ihr Spielzeit vergeudet habt."

Bei dieser Lektion ging es im Kern weder um Blasen noch um Spielzeitverlust oder die Frage, wann der Job des Trainers auf dem Spiel steht. Es ging darum, keine Fehler zu machen, auf jede Kleinigkeit zu achten, für sich selbst und das Team zu sorgen. Es ging um Demut. „Zum Gewinnen braucht man Talent", lautete Woodens Maxime. „Um immer wieder zu gewinnen, braucht man Charakter." Genau wie Graham Henry, der Cheftrainer der All Blacks, war John Wooden von Beruf Lehrer – gewiss kein Zufall.

---

Ein bemerkenswerter Mann war auch der American-Football-Trainer Bill Walsh, der sich selbst vor allem als Lehrer und erst in zweiter Linie als Leader sah. Von 1979 bis 1989 coachte Walsh die San Francisco 49ers und machte mit einer ganz ähnlichen Philosophie aus einer enttäuschenden Versagertruppe eine der überragenden Größen der American-Football-Geschichte. Seine Überzeugung war: „Ohne Charakter erreichst du nichts. Charakter ist das Entscheidende für jeden Einzelspieler, und der Charakter aller Einzelspieler zusammengenommen ist das Rückgrat jedes Gewinnerteams." Etabliere höchstmögliche Arbeitsstandards, treibe die Charakterbildung der Spieler voran, arbeite an der Mannschaftskultur – und *The Score Takes Care of Itself*, wie der Titel seines Buches verkündet.

„Eines wusste Walsh ganz genau", erzählte Stuart Lancaster, der bis Ende 2015 die englische Rugby-Nationalmannschaft trainierte, dem Autor und Rugby-Experten Mark Reason. „Wenn du eine Kultur etablierst, die der Kultur des Gegners überlegen ist, gehst du als Sieger vom Platz. Deshalb sollte man nicht zwanghaft auf die Resultate starren, sondern konsequent das Team in den Mittelpunkt stellen." „Jedes Team muss das Gefühl entwickeln, eine Einheit zu sein, in der jeder auf den anderen angewiesen ist", erklärt Vince Lombardi. „Denn die entscheidende Frage ist meistens nicht, was für eine Leistung jeder einzelne Spieler bringt, sondern wie gut die Spieler zusammenarbeiten."

---

Owen Eastwood ist ein Multitalent. Als Rechtsanwalt betreut er unter anderem die All Blacks, aber er hat auch schon die südafrikanische Cricket-

Nationalmannschaft, die militärische Führung der NATO und andere Organisationen bei der Entwicklung ihrer Organisationskultur beraten. Eastwood arbeitet mit der Gleichung:

„Leistung = Fähigkeit + Verhalten“

Das Verhalten, so argumentiert Eastwood, lässt von dem, wozu du fähig bist, entweder das Beste oder das Schlechteste zur Geltung kommen. Das gilt für Unternehmen und Mannschaften ebenso wie für den Einzelnen. „Gute Leader schaffen das geeignete Umfeld, damit sich das richtige Verhalten einstellt“, erläutert Eastwood. „Das ist ihre Hauptaufgabe.“

Eastwood unterscheidet zwei Verhaltenswelten: die öffentliche und die private. „Das Öffentliche“ sind die Lebensbereiche, in denen der Spieler an die Verhaltensregeln des Teams gebunden ist – beim Training, auf dem Spielfeld, auf Reisen oder bei Werbeverpflichtungen. Hier sind Professionalität, körperlicher Einsatz und Leistung gefordert.

„Das Private“ ist der Bereich, in dem wir Zeit mit uns selbst verbringen, gewissermaßen das Spiel, das wir im eigenen Kopf austragen. Dieses Spiel ist eigentlich das entscheidende Match, weil wir uns dabei jeden Tag aufs Neue mit unseren Gewohnheiten, Grenzen, Versuchungen und Ängsten auseinandersetzen. „Gute Leader“, meint Eastwood, „kreieren ein Umfeld, das genau die Verhaltensweisen befördert, die Hochleistung möglich machen und die man braucht, wenn man erfolgreich sein will. Wirklich clevere Mannschaften entwickeln eine Kultur, die genau den Verhaltensweisen zum Durchbruch verhilft, die sie brauchen.“ Graham Henry meint: „In Unternehmen wie im Sport ist Personalentwicklung das A und O. Ein Unternehmen, das die Weiterentwicklung seiner Beschäftigten fördert, hat mehr Erfolg. Es geht darum, ein Klima zu schaffen, in dem genau das jeden Tag geschieht.“

> **Gemeinschaftscharakter ist erfolgsentscheidend. Wenn das Klima stimmt, werden gute Ergebnisse nicht auf sich warten lassen.**

Jeden Tag? Überall auf der Welt lassen sich Führungskräfte in Organisationen immer neue Botschaften einfallen, die zur Veränderung inspirieren sollen. Hinterher gratulieren ihnen alle zur gelungenen Präsentation, zollen dem Slogan Bewunderung, verstauen das Brand Book in der Tasche, kehren an ihren Schreibtisch zurück und tun – nichts. Andere Führungskräfte entwickeln mit großem Engagement bis ins kleinste Detail austarierte Aktionspläne und verteilen sie, ohne sich klarzumachen, welche Vision, welcher Zweck oder welche Grundsätze dem Ganzen eigentlich zugrunde liegen. Genau dieses Phänomen beschreibt Will Hogg als „Vision into Action"-Paradox. Hogg ist Chef der Genfer Managementberatung Kinetic und arbeitet mit Führungskräften großer Unternehmen daran, Kulturveränderungen herbeizuführen und alle Beteiligten dabei mitzunehmen. Er zitiert gern den japanischen Ausspruch:

> „Eine Vision, nach der nicht gehandelt wird, ist nur ein Traum.
> Handeln ohne Vision ist ein Albtraum."

„Es ist doch paradox", meint Hogg: „Obwohl viele Organisationen glauben, ihre Probleme seien ganz speziell und einzigartig, geht es bei vielen Themen, die mit Veränderung zu tun haben, immer um ein und denselben Punkt: um die Fähigkeit oder Unfähigkeit, Visionen in praktisches Handeln umzusetzen. Mitunter liegt das Problem schon darin, dass die Vision fehlt. Viel häufiger ist allerdings der Kern des Problems die mangelnde Fähigkeit, Visionen in einfache, ganz banale und alltägliche Handlungen zu übersetzen." Handeln in diesem Sinne kann zum Beispiel heißen: Die Führungsspieler fegen die Kabine.

---

„Talent war kein entscheidendes Kriterium", konstatiert Wayne Smith. Diese Feststellung bezieht sich zwar nicht auf die All Blacks, sondern auf die Chiefs – das Team, das er nach seiner Zeit bei den All Blacks übernahm – aber die Prinzipien waren hier wie dort die gleichen. „Wir haben die Spieler sorgfältig ausgewählt. Dabei haben wir uns nicht allein auf unsere Intuition verlassen, sondern Beurteilungsraster zu Hilfe genommen. Beim Rugby gibt es bestimmte Statistiken, aus denen der Charakter eines Spielers ersichtlich wird. Und Charakter ist das, was wir suchen. Wir suchen bewegungsstarke, uneigennützige und aufopferungsbereite Typen, die effizient arbeiten."

Das Auswahlkriterium war Charakter.

---

Das griechische Wort für Charakter ist Ethos. Es leitet sich vom gleichen Wortstamm ab wie das Wort „Ethik“ und bezeichnet die Überzeugungen, Grundsätze, Werte, den Verhaltenskodex und die Kultur einer Organisation. Ethos bezeichnet das „So machen wir das hier“, die ungeschriebenen (und manchmal auch geschriebenen) Regeln, die moralischen Grundeinstellungen einer bestimmten Gruppe von Menschen. Es ist unser Lebensraum, unsere Gewissheit und Rechtschaffenheit, unsere Basis. Werte sind das Fundament des Glaubens. Jede Organisation, die dauerhaft Bestand hat – Glaubensgemeinschaften, Staaten, Unternehmen oder Gruppen, die ein gemeinsames Anliegen haben –, folgt einem Prinzipienkatalog wie „Glaube, Liebe, Hoffnung“ oder „Liberté, Égalité, Fraternité“.

Die Grundlage für die Arbeitsweise und den anhaltenden Erfolg der All Blacks ist eine zielgerichtete Kultur, die auf Werten aufbaut. Aber jeder, der eine führende Funktion in einem Unternehmen ausübt, weiß: Vokabeln wie Integrität, Opferbereitschaft, Entschlossenheit, Fantasie, Innovation, Zusammenarbeit, Ausdauer, Verantwortungsgefühl mögen als abstrakte Begriffe vielleicht Eindruck machen, aber sobald man sie irgendwo geschrieben sieht, wirken sie oft platt und beliebig. Die Herausforderung besteht darin, sie mit Inhalt zu füllen und dafür zu sorgen, dass sie von den Menschen, die man führt, gelebt werden. Wie wir später noch sehen werden, sind die All Blacks ein Weltklassebeispiel dafür, wie das gelingen kann. Die Manager der All Blacks sind Großmeister, wenn es darum geht, eine Vision in tägliches Handeln und Zielvorstellungen in die Praxis umzusetzen.

> **Unsere Werte bestimmen unseren Charakter. Unser Charakter bestimmt unsere Werte.**

Die Antwort auf die Frage „Welchen Wettbewerbsvorteil haben die All Blacks?“ lautet: Es ist ihr Umgang mit ihrer Kultur und ihrem zentralen Narrativ. Sie schaffen es, das persönliche Ziel der Spieler an ein übergeordnetes Ziel anzubinden. Auf die Identität des Teams kommt es an – also weniger darauf, was die All Blacks tun, als darauf, wer sie sind, wofür sie stehen und warum es sie gibt.

Der Pool an Spielern ist jedenfalls nicht der Grund für den Wettbewerbsvorteil der All Blacks: In England gibt es mehr Rugby-Spieler als in allen anderen Ländern zusammen. Und auch wenn die britische Boulevardpresse etwas anderes behauptet, hat der Wettbewerbsvorteil auch nichts mit Rassenzugehörigkeiten zu tun: Bryan Williams, der erste polynesische Spieler der All Blacks, lief erst 1970 erstmals im schwarzen Trikot auf, als die All Blacks schon seit Jahrzehnten Weltspitze waren.

Die Infrastruktur allein ist ebenfalls nicht ausschlaggebend, auch wenn ein funktionierender Unterbau zusammen mit dem unbezähmbaren Willen, „ein All Black zu sein", hilft, Talente aus der zweiten oder dritten Reihe ganz nach oben zu bringen und unsterbliche Sportgrößen aus ihnen zu machen. Der erstaunliche Erfolg der All Blacks auf dem Spielfeld ist das Resultat eines ganz speziellen Klimas außerhalb des Spielfeldes, und dieses Klima bringt – wie ein Klebstoff, der alles zusammenhält – seit mehr als einem Jahrhundert diesen außergewöhnlichen Wettbewerbsvorteil mit sich. Wer zu den All Blacks gehören darf, wird zum Bewahrer eines Kulturerbes. Er übernimmt damit die Aufgabe, das Trikot dereinst an einem besseren Ort abzugeben als dem, an dem er es zuerst übergestreift hat. Die Demut und das Verantwortungsgefühl, die daraus resultieren, machen die All Blacks zu besseren Spielern. Sie machen sie sogar zu den besten Spielern der Welt.

> „Welche Aufgabe habe ich auf diesem Planeten zu erfüllen? Was gibt es, das getan werden muss, womit ich mich ein bisschen auskenne und das wahrscheinlich nicht geschehen wird, wenn ich es nicht in die Hand nehme?"
>
> Buckminster Fuller

Was das für Leader in anderen Bereichen bedeutet – darum geht es in diesem Buch.

---

Die Wiederbelebung der Kultur der All Blacks zwischen 2004 und 2011 begann mit einigen grundsätzlichen Fragen: Was bedeutet es, ein All Black zu sein? Was bedeutet es, Neuseeländer zu sein? Solche Überlegungen sowie eine kontinuierliche Selbstbefragung spielten eine zentrale

Rolle, als es darum ging, wieder zu einer zielorientierten, auf Werten basierenden Kultur zurückzufinden.

Diese Managementtechnik, die zuerst einmal Fragen stellt, lehnt sich an die „sokratische Methode" an. Sie heißt so, weil Sokrates sich der Befragung bediente, um seine Schüler von ihren Vorurteilen abzubringen. Mit welchem Ziel? Um ihnen zu Selbsterkenntnis zu verhelfen, auch wenn sie dabei auf unbequeme Wahrheiten stoßen sollten. Diese Vorgehensweise spielt in der Führungskultur der All Blacks eine zentrale Rolle und wird in einem Maori-Ausspruch auf den Punkt gebracht:

> *Waiho kia pātai ana, he kaha ui te kaha.*
> Lass ihn weiterfragen. Fragenstellen ist seine Stärke.

Statt bloß Anweisungen zu geben, stellten die Trainer Fragen – zunächst an sich selbst: Wie können wir dieses oder jenes besser machen? Und dann an die Spieler: Was meint ihr? Diese Fragekultur, in der jeder Einzelne sich ein eigenes Urteil bildet und seine eigenen Maßstäbe setzt, gewann immer mehr Bedeutung. Die Selbstbefragung des Führungsteams und die Fragen an die Mannschaft waren der Beginn einer echten Rugby-Revolution.

---

Das englische Wort *decide* kommt vom lateinischen *decidere*, was so viel wie „abschneiden" heißt. Mit der Fragekultur der All Blacks werden Glaubenssätze, die nicht weiterhelfen, abgeschnitten, um Klarheit zu gewinnen. Dieser zwischenmenschlich orientierte Führungsstil hat große Vorteile in einer Lernumgebung, in der es um adaptive Problemlösung und kontinuierliche Verbesserung geht und in der Demut – das Wissen darum, dass man nicht auf alles eine Antwort weiß – zur Kraftquelle wird. „Man kann lenken und die Richtung vorgeben", meint Wayne Smith, „aber wir tun gut daran, nicht so viele Anweisungen zu geben. Und wenn man dieser Überzeugung ist, muss man Fragen stellen. Wir versuchen, durch Fragen Antworten zu bekommen, die eine Situationsbeschreibung liefern, und auf diese Weise die Selbsterkenntnis zu befördern."

> „Was könnte passieren, wenn ...?
> Was würdest du in dieser Situation tun ...?

Wie könntest du …?
Wie wäre es mit …?“

Diese Methode lässt sich in Unternehmen ebenso gut anwenden wie im Rugby. Niemand hat auf alles eine Antwort, aber wer Fragen stellt, lässt den Status quo nicht ohne Weiteres gelten, regt zur Auseinandersetzung mit zentralen Werten und Überzeugungen an und fördert die individuelle Vervollkommnung. Je besser die Fragen sind, die wir stellen, umso bessere Antworten bekommen wir.

---

Die All Blacks sind zweifellos ein außergewöhnlicher Betrieb. Durch ihren Elitestatus, die ständige Beobachtung und ihre Ressourcenausstattung unterscheiden sie sich etwa von einem Vertriebsteam in Wolverhampton oder einem Marketingunternehmen in Duluth. Die Belastungen, Belohnungen und Maßnahmen sind unterschiedlich. Trotzdem kann man vom erfolgreichsten Team der Welt lernen, wenn man sich bewusst macht, dass wir alle Menschen sind und den gesunden Menschenverstand nutzen, um zu agieren. Ein Buch, das der Frage nachgeht, was die All Blacks ausmacht und antreibt, liefert vielleicht nicht alle Antworten, aber es vermag zumindest ein erstes Nachdenken über den richtigen Führungsstil anzustoßen.

> **In einer Kultur, in der Grundfragen gestellt und immer wieder neu gestellt werden, werden Glaubenssätze, die nicht hilfreich sind, abgestoßen, damit klar wird, was zu tun ist. Mit der nötigen Demut können wir die einfache Frage stellen: Wie können wir es besser machen?**

---

Die Maori-Schnitzereien, die dem Touristen in Neuseeland schon bald vertraut sind, werden *whakairo* genannt. Sie stellen die *tīpuna* dar, die Stammesvorfahren, und werden im Gedenken an die Taten angefertigt, die diese Vorfahren vollbracht haben. Sie erzählen Geschichten von Liebe, Tod und großem Mut. Auch wenn sie eigentlich eine Heldengalerie ergeben, sind die Darstellungen der Heroen frei von jeder Eitelkeit – bewusst grotesk, mit herausgestreckter Zunge und verzerrten Gesichtszügen. Die Demut ist in der Kultur der Maori und überhaupt in den polynesischen Gesellschaften tief verankert. Das Wort „Maori" bedeutet „normal" oder „natürlich" und unterscheidet damit den Menschen von den Göttern. Überheblichkeit ist in dieser Kultur und in der neuseeländischen Gesellschaft generell zutiefst verpönt.

Die *whakairo* mahnen uns, dass es unsere Taten sein sollten, die uns überdauern, und nicht unsere Angeberei. Demut gilt als unverzichtbarer Charakterzug eines Menschen, der mit sich und der Welt im Reinen ist. Sie ist eine wesentliche Voraussetzung für das, was die Maori und Polynesier *mana* nennen. Dieses Wort bezeichnet eine ganze Reihe von Eigenschaften: Autorität, Status, persönliche Macht, Haltung, Charisma und, laut *The New Zealand Dictionary*, „hohes persönliches Ansehen und einen edlen Charakter". Bei den Maori und auch in den Reihen der All Blacks ist *mana* so ziemlich das höchste Lob, das übergeordnete spirituelle Ziel des menschlichen Daseins. Sprachwissenschaftlern ist aufgefallen, dass das Wort *mana* eng mit jenen „mächtigen Naturgewalten wie Donner und Sturm zusammenhängt, in denen man den Ausdruck einer unsichtbaren übernatürlichen Macht sah" (Coddington). Andere gehen davon aus, dass eine universelle Lebenskraft gemeint ist, die wiederum der Ursprung unserer Vorstellungen von Gott ist. In jedem Fall beschreibt das Wort *mana* einen Menschen mit ganz besonderen Qualitäten, einen natürlichen Anführer, der Stärke, Führungskraft, große persönliche Macht, Sanftmut und – das vor allem – Demut besitzt.

> Demut ist kein Zeichen von Schwäche. Im Gegenteil. Anführer, die über *mana* verfügen, wissen um die Kraft der Demut. Die Demut ermöglicht ihnen, sich mit ihren innersten Werten und mit der Außenwelt zu verbinden.

Spricht man Anton Oliver, den früheren Kapitän und Hakler der All Blacks, auf den englischen Winger Chris Ashton an, der die Angewohnheit hatte, den Ball mit einem Hechtsprung zum Versuch abzulegen, sagt Oliver: „Zum Dahinschmelzen."

Für Leader jeder Couleur ist die Rückbindung an innerste Werte – an unsere ureigenen Instinkte – ein wesentlicher Baustein des Charakters, der wiederum die Grundlage aller Führungsqualitäten ist. Niemand hat das so treffend formuliert wie der heilige Augustinus: „Denke zuerst an das Fundament der Demut ... Je höher das Gebäude werden soll, desto tiefer muss das Fundament gegründet werden."

Wenn also die Superstars ihre Umkleidekabine sauber machen und für sich selbst sorgen, damit niemand anders das erledigen muss, legt das die Frage nahe, ob nicht alle Spitzenleistungen – echte Spitzenleistungen – mit Demut anfangen. Mit der demütigen Bereitschaft, die Kabine zu fegen. Denn ist ein Vermächtnis – *legacy* – nicht schließlich das, was von dir zurückbleibt, wenn du nicht mehr da bist?

---

**Fege die Kabine**

Trainergrößen vergangener Tage wie John Wooden und Vince Lombardi stellten die Demut in den Mittelpunkt ihrer lehrenden Tätigkeit. Einen ähnlichen Stellenwert messen auch die All Blacks ihren Grundwerten bei. Das geht so weit, dass für sie Charakter ein gewichtigeres Auswahlkriterium ist als Talent. Den Spielern wird vermittelt, dass sie sich nie zu schade sein sollten für die kleinen Dinge, die erledigt werden müssen. „Außergewöhnliche Erfolge erfordern ein außergewöhnliches Umfeld", meint Wayne Smith. Dieses Umfeld trägt dazu bei, die Kultur und damit das Ethos – den Charakter – der Mannschaft zu formen. Demut beginnt auf der Ebene der zwischenmenschlichen Kommunikation und ermöglicht ein lernförderliches Klima, das vom Fragen lebt und vieles erleichtert und in dem niemand auf alle Fragen eine Antwort hat. Jeder Einzelne ist aufgerufen, Lösungsvorschläge für die anstehenden Herausforderungen beizusteuern. Das ist ein entscheidender Faktor, wenn man sich durch kulturellen Zusammenhalt einen nachhaltigen Wettbewerbsvorteil verschaffen will. Alles zusammen bewirkt Innovation, tiefere Selbsterkenntnis und Charakterbildung. In einem Wort: *mana*.

# Fege die Kabine

Sei dir nicht zu schade für die kleinen Dinge, die erledigt werden müssen.

*Kāore te kūmara e whāki ana tana reka.*
Die Kūmara (Süßkartoffel) braucht nicht zu sagen, wie süß sie ist.

# II
# ANPASSUNG

„Māui, der den Menschen das Feuer brachte, und sein Bruder gingen eines Tages mit Speeren auf Vogeljagd. Māuis Speere hatten aber keinen Widerhaken. Deshalb entkam ihnen die Beute immer wieder. Die Mutter riet ihm, kleine Stöcke als Widerhaken für seine Waffe zu verwenden – und er folgte ihrem Rat. Noch in der gleichen Nacht feierten sie einen Taubenschmaus."

## SUCHE DIE LÜCKE
## Wenn du ganz oben angekommen bist, musst du dein Spiel umstellen.

Auf einem langen Flug von Südafrika nach Neuseeland beugte sich irgendwo über dem Pazifik der neue Assistenztrainer der All Blacks, Wayne Smith, zu Teammanager Darren Shand hinüber und sagte zu ihm: „Dieses Team funktioniert nicht – wenn sich das nicht ändert, bin ich weg." Die All Blacks waren niedergeschlagen. Sie hatten soeben mit 40 zu 26 gegen Südafrika verloren und waren beim alljährlichen Tri-Nations-Turnier auf dem letzten Platz gelandet. Für eine Mannschaft, die ans Siegen gewöhnt ist und die höchste „Kill Rate" im Sport vorweisen kann, war das eine echte Katastrophe.

Aus Bob Howitts Buch *Final Word* wissen wir, dass der eigentliche Tiefpunkt erst später in besagter Nacht im Mannschaftshotel erreicht war. Nach einem „Strafgericht", das einige maßgebliche All Blacks unter massivem Alkoholeinfluss anberaumt hatten, wurden einige prominente Akteure mehr als sturzbetrunken aufgefunden; der eine oder andere bangte gar um sein Leben. Später wurde bekannt, dass einige Spieler der Springboks, die im selben Hotel einquartiert waren, bei der Rückkehr von ihrer Siegesfeier diverse All Blacks aus Korridoren, Gebüschen und Rinnsteinen aufsammeln und in die stabile Seitenlage bringen mussten. So konnte es nicht weitergehen. Es musste sich etwas ändern. „In dieser Verfassung konnten wir im Profisport nicht bestehen", erzählt der hoch gewachsene und umgängliche Mentalcoach Gilbert Enoka. „Du kannst nicht die ganze Woche über arbeiten und dir dann von Samstagabend bis Montagmorgen die Kante geben und dich herunterwirtschaften." Cheftrainer Graham Henry hatte den Top-Job der neuseeländischen Sportwelt erst kurz zuvor angetreten. Nach dem Debakel versicherte ihm Smith: „Wir kriegen das hin."

Damit begann ein langer, mühevoller und immer wieder auch schmerzhafter Prozess, aus dem die All Blacks letztlich als triumphierende Rugby-Weltmeister hervorgingen. Was diese Männer – Henry, Smith, Hansen, Enoka, Shand – zusammen mit den Spielern geschafft haben, ist ein Paradebeispiel für eine grundlegende Kulturveränderung und ein Lehrstück, das weit über das Rugbyfeld hinausweist.

---

Managementberater Will Hogg nennt vier Schritte, die es braucht, um eine Organisation wirksam zu verändern. Wenn auch nur einer dieser

Faktoren fehle, werde die Kulturveränderung blockiert und in vielen Fällen unmöglich gemacht.

**Die vier Schritte zur Organisationsveränderung**

- Grund zur Veränderung
- Überzeugendes Zukunftsbild
- Dauerhafte Fähigkeit zur Veränderung
- Realistischer Plan für die Umsetzung

Der Grund zur Veränderung lag bei den All Blacks auf der Hand. Leistung und Verhalten waren sowohl auf dem Spielfeld als auch außerhalb des Spielfelds suboptimal. „Ich war nicht persönlich dabei", berichtet Anton Oliver, Ex-Kapitän der All Blacks, „aber es fing damit an, dass Tana [Tana Umaga, der damalige Spielführer] sagte: ‚Eigentlich habe ich gar keine Lust zu spielen. Ich habe sogar Angst davor, zu spielen. Es macht mir keinen Spaß.' Jeder hatte sich auf seine kleine Privatinsel zurückgezogen, und alle empfanden das Gleiche." Ihnen war, wie Gilbert Enoka es formuliert, „das Teamsein" abhandengekommen.

Der nächste Schritt: ein überzeugendes Zukunftsbild. Wir werden im folgenden Kapitel noch darauf zu sprechen kommen, welche Rolle das Ziel und dessen Bedeutung für den Einzelnen spielen – und wie man auf einer dreitägigen Krisensitzung die Pflöcke einschlägt für einen Weg, der letztlich zum Sieg bei der Rugby-Weltmeisterschaft führte. Die Veränderungsstrategie bestand nach Graham Henry (in seinem Buch *Final Word* und in mehreren Interviews) in der Schaffung „eines Klimas, das die Spieler anspornt und ihnen Lust darauf macht, an der Veränderung mitzuwirken". Henry war bewusst, dass die Welt sich wandelt und die All Blacks wie jedes andere Unternehmen – „und die All Blacks sind ein Unternehmen" – auf dem freien Markt um das beste Personal konkurrieren. Er kam zu dem Schluss, dass sich Leistungsvermögen, Leistungsbereitschaft und Loyalität am besten erreichen lassen, wenn man die Persönlichkeitsentwicklung und Führungskultur in den Mittelpunkt stellt.

Eine dauerhafte Fähigkeit zur Veränderung wurde dadurch gewährleistet, dass Spieler, die Veränderung blockierten, aussortiert und diejenigen, die blieben oder neu hinzukamen, in ihren Kompetenzen gestärkt wurden. Ein Schwerpunkt war dabei eine duale Führungsstruktur, bei der ein Teil der Verantwortung „abgegeben" wurde, damit die Spieler ein größeres Eigeninteresse daran hatten, dass der Veränderungsprozess gelingt. Außerdem – und in diesem Punkt brillierte Henry als Pädagoge – galt es ein lernförderliches Klima zu schaffen, das die persönliche und berufliche Entwicklung positiv beeinflusste. Um dieser Strategie eine Struktur zu geben, wurden eine „Leadership Group" – ein fester Mannschaftsrat – und „Individual Operating Units" gegründet, in denen die Spieler mehr und mehr selbst Verantwortung für die Benimmregeln, die Prinzipien und das Mannschaftsklima übernahmen. In den Augen von Kapitän Richie McCaw war dies die wichtigste Innovation von allen während Henrys Amtszeit.

> In einer erfolgreichen Organisation wird die persönliche und berufliche Weiterentwicklung gefördert, und jeder Einzelne geht mit in die Verantwortung.

Leader bringen Leader hervor.

Nun brauchte das Team einen realistischen Plan für die Umsetzung. In diesem Punkt leistete das Führungsteam mit seiner besonderen Struktur Herausragendes. Unter Henrys Leitung arbeiteten die Männer einen selbstreflexiven und selbstregulierenden Plan zur Stärkung der technischen, taktischen, körperlichen, logistischen und psychologischen Fähigkeiten ihres Teams aus und setzten diesen in die Praxis um.

Der Plan zog sich wie ein roter Faden durch Jahre, Spielzeiten, Matchserien, Wochen, Tage und auch durch die Sekunden, die die Uhr an der Anzeigetafel bis zum Abpfiff herunterzählte. Die Umsetzung des Plans fand in aller Öffentlichkeit auf dem Spielfeld, die Feinjustierung dagegen hinter den Kulissen statt. Letztlich führte der Plan zum erfolgreichsten Abschnitt in der Geschichte der All Blacks. Und zu einem kleinen goldenen Pokal.

---

Es überrascht nicht, dass die Zersetzung der Kultur der All Blacks im Inneren begann. Wenn niemand einschreitet, ist das bei allen Organisationskulturen so. Die „Strafprozesse“, ein Überbleibsel aus Amateurzeiten und eine Begleiterscheinung der ausgeprägten Komatrinkkultur in Neuseeland, waren bloß das Symptom eines grundsätzlichen und unabwendbaren Prozesses, der sich grafisch mit der sogenannten Sigmoidkurve abbilden lässt. Es ist verlockend, das Leben, die Wirtschaft, die Gesellschaft und den Erfolg als kontinuierlichen Fortschritt zu sehen, der linear zu immer höherer Perfektion und immer mehr Wachstum führt. Aber in Wahrheit läuft es umgekehrt. Wie weite Teile der Natur sind auch Kulturen eher einem zyklischen Prozess unterworfen, der an Ebbe und Flut, Werden und Vergehen erinnert. Charles Handy unterteilt (in seinem Buch *The Empty Raincoat*) diesen Zyklus in drei Phasen: Lernen, Wachsen und Niedergang.

In der Lernphase erleben wir häufig Leistungseinbrüche, weil wir uns in unbekanntes Terrain vortasten müssen. Man denke an Tiger Woods, der seinen Golfschwung neu erlernen musste, oder an die Anlaufphase, in der ein neuer CEO die Probleme im Unternehmen erst nach und nach in den Griff bekommt.

Sobald das, was es zu lernen gibt, verinnerlicht wurde und die Dinge in Gang kommen, geht es mit dem Wachstum immer schneller. Jetzt sind wir in der Wachstumsphase. Wir ernten Belohnungen, Lob und schmeichelhafte Würdigungen. Schon bald sind wir an der Spitze angelangt. Die Welt liegt uns zu Füßen. Wir sind unbesiegbar. Unser Erfolg ist gesichert. Und damit beginnt der Niedergang.

Die Niedergangsphase trifft uns so, wie die ersten Anzeichen einer Arthritis einen Menschen mittleren Alters treffen. Was zuerst noch eine störende Abweichung ist, wird irgendwann zum schmerzhaften Normalzustand. Schon bald starren wir, wenn wir in den Spiegel schauen, auf die hohlen Wangen eines alten Menschen und fragen uns, wo unsere goldenen Jugendtage geblieben sind.

Entscheidend ist, dass wir unser Spiel umstellen, sobald wir ganz oben angekommen sind – aus Beziehungen aussteigen, talentierten Nachwuchs gewinnen, die Taktik ändern, die Strategie auf den Prüfstand stellen. So gelingt, was Handy „Sigmoid leaps“ – Sigmoidsprünge – nennt: eine Reihe beherzter Sprünge entlang der s-förmigen Sigmoidkurve mit dem Ziel, dem Unentrinnbaren ein Schnippchen zu schlagen.

Das ist eine der Hauptaufgaben der Führungsverantwortlichen. Die Kunst besteht darin, den richtigen Zeitpunkt für diese Sprünge zu wählen: Wann löst du deinen Starspieler ab? Wann ist es an der Zeit, neue Talente ins Spiel zu bringen? Wann muss der komplette Spielaufbau geändert werden? In der *Encyclopedia of Leadership* lesen sich die Überlegungen so:

> „Welche Schritte sind nötig, um für den zweiten Bogen gerüstet zu sein, ohne verfrüht von seinem aktuellen Erfolg (im ersten Bogen der Kurve) abzurücken?"

Das ist der Kerngedanke von Kaizen, dem japanischen Konzept der kontinuierlichen Verbesserung. „Die Idee", schreibt Bunji Tozawa in einem Grundlagenpapier für Fachkräfte, „besteht darin, die personellen Ressourcen des Unternehmen zu fördern." Ursprünglich diente Kaizen nicht in erster Linie der Produktivitätssteigerung, sondern war vielmehr eine Philosophie zur „Kulturschaffung", mit der japanische Unternehmen ihre Beschäftigten einbinden und inspirieren konnten. Für Graham Henry ist es ein strategisches Instrument, um „die Spieler anzuspornen und ihnen Lust zu machen, sich aktiv einzubringen".

**Wenn sich die Führungsebene nicht auf Veränderungen vorbereitet, ist der Niedergang einer Organisation unausweichlich – selbst wenn die Organisation auf dem Gipfel des Erfolgs steht.**

Beim Militär gibt es die Abkürzung VUCA. Sie steht für *volatile, uncertain, complex, ambiguous,* zu Deutsch unbeständig, unsicher, komplex, mehrdeutig, und beschreibt eine Welt, die anfällig für abrupte Veränderungen, unabsehbare Folgen und komplexe Wechselwirkungen ist. Eine Welt, die schwer zu entziffern ist und in der sich nichts vorhersagen lässt. Für den militärisch-industriellen Komplex bedeutet VUCA asymmetrische Kriegsführung, geopolitische Instabilität und Loyalitäten, auf die kein Verlass ist. Für die Wirtschaft bedeutet VUCA strukturelle Einbrüche, Kreditkrisen, Reputationsschäden. Für den Einzelnen stehen die vier Buchstaben für ungewisse Berufsperspektiven, Preisauftrieb, Liquiditätskrisen auf dem Immobilienmarkt und eine ungewisse Zukunft. Für Führungskräfte bedeutet VUCA, dass sie Entscheidungen treffen müssen, auch wenn ihr Wissen lückenhaft, die Ressourcen unklar und die menschliche Natur unberechenbar sind.

In seiner Publikation *Destruction and Creation* (Zerstören und Aufbauen) stellt der Militärstratege John R. Boyd eine Theorie auf, die sich auf viele Zusammenhänge übertragen lässt, die sich rasch verändern. „Wer die Realität richtig und effektiv erfassen will“, so Boyd, „muss in einen kontinuierlichen Interaktionsprozess mit seiner Umwelt treten, um den permanenten Wandel dieser Umwelt beurteilen zu können.“ Boyd stellt sich die Frage: „Wie entwickeln wir die gedanklichen Konzepte, die uns bei der Entscheidungsfindung helfen?“ Seine Antwort ist die sogenannte Entscheidungsschleife, auch als OODA-Loop bezeichnet. OODA steht für „Observe, Orient, Decide, Act“ – beobachten, orientieren, entscheiden, handeln. Der OODA-Loop ist sofort anwendbar und bei der Entscheidungsfindung im Alltag hilfreich.

**Observe**

Gemeint ist Datenerfassung mithilfe der Sinne – visuell, auditiv, taktil sowie mit dem Geruchs- und Geschmackssinn – und moderner Messmethoden. Wie ein Tier, das Witterung aufnimmt, sammeln wir Rohmaterial, das wir brauchen, um zu reagieren.

> „Es ist nicht die stärkste Spezies, die überlebt, auch nicht die intelligenteste, sondern eher diejenige, die am ehesten bereit ist, sich zu verändern.“
>
> Charles Darwin

**Orient**

Alle verfügbaren Daten werden ausgewertet und zu einer einzigen, kohärenten „Gebietskarte“ zusammengeführt – zu einer Arbeitstheorie der Optionen, die wir haben.

**Decide**

Das ist der Moment, in dem wir eine Wahl treffen und das Vorgehen bestimmen, das wir für das beste halten. Wir sondern alles Irrelevante aus, indem wir eine Entscheidung treffen.

**Act**
Wir setzen die Entscheidung um. Dabei handeln wir zügig und entschieden, um die Gunst der Stunde zu nutzen. Anschließend kehren wir zum Anfangspunkt zurück und beobachten, welche Wirkung unser Handeln entfaltet. Damit beginnt die Schleife wieder von vorn.

In einer Analyse von Luftkämpfen über Korea hatte Boyd gezeigt, dass die Piloten, die als Erste in den OODA-Loop einstiegen, die Einsätze überlebten. Um in Konfliktsituationen die Oberhand zu gewinnen, so Boyd, „müssen wir in der Lage sein, die wahrgenommene Wirklichkeit in mentale Vorstellungen zu übersetzen, und diese Vorstellungen zu verändern, sobald sich die Wirklichkeit zu verändern beginnt."

Boyds Theorien ähneln stark den Theorien des russischen Generals Alexander Wassiljewitsch Suworow, geboren 1719, der in seinem Militärhandbuch *Die Kunst des Siegens* folgendes Vorgehen vorschlägt:

| | |
|---|---|
| **Bystrota** | Temporeich agieren |
| **Glazometer** | Schnelle Entscheidungen treffen, die dem Gegner die Orientierung nehmen |
| **Natisk** | Offensiv handeln, um Wettbewerbsvorteile zu nutzen |

Heißt: Sich schnell in eine dominierende Position bringen, die sich eröffnenden Optionen zügig und eindeutig beurteilen und mit größtmöglichem und schonungslosem Einsatz angreifen. Lage einschätzen, darauf einstellen und wiederholen.

Oder, wie die All Blacks sagen würden: „Such die Lücke."

Für Boyd, Suworow und die All Blacks ist Anpassung keine Reaktion, sondern eine systematische Abfolge von Handlungsschritten. Man reagiert nicht einfach nur auf das, was gerade geschieht, sondern macht sich zum Motor der Veränderung. Erreicht wird das durch eine strukturierte Rückkopplungsschleife – indem der Anpassungsprozess zum Teil des Führungsstils wird.

Und wie funktioniert das in der Praxis? Kevin Roberts, CEO von Saatchi & Saatchi, empfiehlt 100-Tage-Pläne:

> „Der Einstieg ist denkbar einfach. Machen Sie eine Liste mit zehn Dingen, die Sie in den nächsten hundert Tagen erreichen wollen. Leiten Sie jeden Punkt mit einem Aktionsverb ein und formulieren Sie jeden Punkt in höchstens drei Wörtern. Jede angestrebte Handlung muss messbar sein und eine Anstrengung erfordern. Ob etwas eine echte Anstrengung erfordert oder ob Sie lauter Dinge auflisten, die Sie schnell abhaken können, werden Sie rasch merken. Überprüfen Sie Ihre Liste jeden Freitagmorgen. Das Ziel soll sein, dass nach hundert Tagen alle Punkte mit einem Häkchen versehen sind. Jetzt müssen Sie nur noch eines tun: Nehmen Sie ein Blatt Papier zur Hand und legen Sie los."

Früher nahm schon die Lageeinschätzung 50 Prozent der Zeit in Anspruch. Weitere 20 Prozent, so erläutert Kevin Roberts, kostete die Umsetzung. Heute sind alle Informationen im Nu verfügbar. Das führt dazu, dass Roberts und die anderen Führungskräfte im gleichen Unternehmen inzwischen 70 Prozent der Zeit auf die Umsetzung verwenden. Der gebürtige Brite und Wahl-Neuseeländer Roberts ist ein eingefleischter Fan der All Blacks. Als Chef von Saatchi & Saatchi Wellington spielte er eine wichtige Rolle, als es galt, die All Blacks zu einer Profi-Marke zu entwickeln. Auf die Frage, was er von den All Blacks gelernt habe und welche Anregungen er ihnen verdanke, antwortet er:

„Dass es darum geht, die Lücke zu suchen und zu nutzen."

Es geht darum, eine anpassungsfähige Kultur zu entwickeln, damit man sich auf Veränderungen rasch einstellen kann.

---

2004 blickten die All Blacks in den Abgrund. Die Ergebnisse wurden zusehends schlechter, Schlüsselspieler drohten mit ihrem Abgang, und die Mannschaftskultur versagte auf der ganzen Linie. Das Management musste handeln – und zwar schnell. In seinem Bericht an die New Zealand Rugby Union nannte Graham Henry (so berichtet Bob Howitt in seinem Buch *Final Word*) die Bereiche mit dem dringendsten Handlungsbedarf:

- Es braucht ein ausreichendes Maß an Führungsqualitäten, Wissen und Zutrauen, um die Strategie umzusetzen.
- Die Trainer müssen Führungsaufgaben und somit auch Verantwortung an die Spieler abgeben.
- Es müssen Führungsfähigkeiten entwickelt und Gelassenheit geübt werden.
- Die Gruppe muss sich ihre Identität bewusst machen – wer sie ist, wofür sie steht und welche gemeinschaftlichen und individuellen Aufgaben ein All Black zu erfüllen hat.

In den folgenden Kapiteln wird skizziert, was die Führungsriege unternahm und wie sie ihre Vision in die Praxis umsetzte. Und es werden die wichtigsten Erkenntnisse vorgestellt, die wir mitnehmen und auf unser eigenes Spielfeld übertragen können. Damit auch wir die Lücke suchen und nutzen können.

---

**Suche die Lücke**

Das Blatt wendet sich schneller, als wir glauben. Gerade waren wir noch Weltspitze, und im nächsten Augenblick geht es bergab. Deswegen müssen Leader wissen, wann sie sich neu erfinden müssen und wie das gelingt.

Die Botschaft der Sigmoidkurve lautet: Wenn du ganz oben angekommen bist, musst du dein Spiel umstellen. Dabei darfst du vor allem nicht den Schwung verlieren. Beim Militär hat man festgestellt, dass eine kontinuierliche Rückkopplungsschleife die beste Form des Angriffs ist, und Kaizen zeigt, dass Wandlungsprozesse am besten funktionieren, wenn man seine Leute einbindet. In der „VUCA-Welt" sind diejenigen Teams erfolgreich, die schnell und entschieden handeln, um so ihren Wettbewerbsvorteil zu nutzen, und die sich dabei immer wieder neu auf die veränderte Situation einstellen. Entweder passt man sein Verhalten an oder man verliert. Einen dauerhaften Wettbewerbsvorteil sichert man sich durch eine Kultur, die sich fortlaufend automatisch auf die Gegebenheit einstellt. Anpassung ist keine Reaktion, sondern eine stetige aktive Tätigkeit. Deswegen sollte man immer schon einplanen, dass man sich auf Neues einstellen muss.

## Suche die Lücke

Wenn du ganz oben angekommen bist, musst du dein Spiel umstellen.

*I orea te tuatara, ka puta ki waho.*
Wenn man sie mit einem Stöckchen piesackt, kommt die Tuatara (Echse) aus ihrem Versteck.

(Ein Problem bewältigt man dadurch, dass man stetig nach der Lösung sucht.)

# III
# SINN UND ZIEL

*He rangi tā Matawhāiti,*
*he rangi tā Matawhānui.*
Ein Mensch mit einem begrenzten Blickfeld
sieht einen engen Horizont,
ein Mensch mit einem weiten Blickfeld
sieht einen weiten Horizont.

## SPIELE MIT SINN UND ZIEL

Frag nach dem Warum.

## Zentrale der New Zealand Rugby Union, Wellington, 2004

Kurz nach dem langen, schmerzvollen Rückflug aus Südafrika setzten sich acht Männer in einem Sitzungsraum in der Zentrale der NZRU (New Zealand Rugby Union) zusammen, um „es hinzukriegen". Am Tisch saßen Henry, seine Assistenten Smith und Hansen, Mentaltrainer Enoka, Teammanager Darren Shand, der ehemalige Kapitän, Coach und Teammanager Brian Lochore, der Spielführer der All Blacks, Umaga, und sein damaliger Stellvertreter Richie McCaw. Die Sitzung sollte drei Tage dauern. Für Graham Henry war es das wichtigste Gespräch seiner gesamten Karriere bei den All Blacks. Am Ende stand ein Plan zur Generalüberholung der erfolgreichsten Mannschaftskultur in der Geschichte des Sports. Einen entscheidenden Beitrag leistete das alte Schlachtross Brian Lochore. Mit seiner Formulierung vom strategischen Ziel „ein Klima [zu] schaffen, das die Spieler anspornt und ihnen Lust macht, mitzumachen" – brachte er jene sechs Wörter ins Spiel, die die Marschroute für die kommenden acht Jahre vorgeben sollten:

> *Better People Make Better All Blacks.*
> Bessere Menschen bedeuten bessere All Blacks.

Anders ausgedrückt: Indem man die einzelnen Spieler in ihrer Persönlichkeitsentwicklung fördert und ihnen die Instrumente, die Kompetenzen und den Charakter gibt, die sie brauchen, um *außerhalb des Spielfelds* ihren Beitrag in der Gesellschaft zu leisten, würden sie – so die Theorie – auch die Instrumente, Kompetenzen und den Charakter entwickeln, die sie brauchten, um *auf dem Spielfeld* zu einem effektiveren Beitrag imstande zu sein. Im Zentrum dieses „Kiwi-Kaizen" stand die Entwicklung der Persönlichkeit – als Mensch und als Profisportler. Das Ziel: Die Spieler sollten den Charakter, die Gelassenheit und die Fähigkeiten entwickeln, die sie brauchten, um im Spiel und außerhalb des Sports eine Führungsrolle zu übernehmen.

Die Herausforderung war die praktische Umsetzung. „Eine Blaupause gab es nicht", erzählt Graham Henry. „Da half keine Internetrecherche." Die Art und Weise, wie das Vorhaben verwirklicht –, und wie die Vision in konkretes Handeln übersetzt wurde, bietet wertvolles

Anschauungsmaterial für Führungskräfte in der Wirtschaft, die sich mithilfe von Kulturveränderungen einen nachhaltigen Wettbewerbsvorteil erarbeiten wollen.

---

In vielerlei Hinsicht begann alles 1997 in der schmucken Provinzstadt Christchurch, die in einer erdbebenanfälligen Gegend am Rande der Canterbury Plains liegt. Diese Stadt, die sogar eine Kathedrale hat, ist der Schmelztiegel des neuseeländischen Rugby und war das Herz des damaligen Teams der All Blacks. Die meisten Männer, die 2004 in Wellington bei der besagten dreitägigen Besprechung mit am Tisch saßen, hatten eine enge Bindung an die Canterbury Crusaders – allen voran Henry, Smith und McCaw, ihr amtierender Spielführer.

> **Bessere Menschen führen besser.**

Als Rugby 1997 in Neuseeland zum Profisport wurde, standen die Crusaders noch ganz am Anfang. Und dieser Anfang lief nicht gut. Wayne Smith weiß, wo das Problem lag: „Es gab keine Mannschaftskultur." Das neue „Franchise" musste die Herzen der ortsansässigen Bevölkerung erst noch erobern. Die Mannschaft war ein Sammelsurium von Spielern aus ganz Neuseeland, ohne Ortsverbundenheit, und steckte in einer Identitätskrise. „Wir entwickelten die Idee, unsere eigene Kultur zu kreieren", berichtet Smith. „Als Instrument dafür nutzten wir das Storytelling. Wir rückten Inhalte in den Vordergrund, die uns und die Spieler inspirierten. Es war mir extrem wichtig, dass diese Kampagne von einer Vision getragen wurde und auf Werten basierte", so Smith weiter. „Wenn man Ziele festlegt, müssen die Spieler über diese Ziele entscheiden. Wenn man sich auf eine Vision und auf Werte stützen will, müssen die Spieler ganz intensiv daran mitarbeiten, Vision und Werte zu definieren."

Smith meint: „Ganz gleich, ob es um die Familie, das Vermächtnis – die *legacy* – oder darum geht, wie das Trikot aussehen soll – man muss herausfinden, worin die Spieler Sinn und Ziel sehen können, damit sie motiviert bleiben." Er fügt hinzu: „Das Ziel und der persönliche Sinn, das sind die beiden entscheidenden Faktoren." „Je mehr Dinge es gibt, die dich zum Spielen motivieren", resümiert Gilbert Enoka, „umso besser spielst du."

Damit sich die Spieler mit der Vision identifizieren konnten, brauchte es einen Leitgedanken. Der fand sich in Shakespeares Königsdrama *Heinrich V.*: „Denn welcher heut sein Blut mit mir vergießt, der wird mein Bruder." „Wir wollten herausfinden, wie ein Crusader beschaffen sein muss, was ihn antreibt", erinnert sich Smith. „Es dauerte ein paar Wochen, bis wirklich jeder Einzelne sich zu eigen gemacht hatte, was wir oder die Spieler vorschlugen."

1996 hatten die Crusaders ihre erste Saison in der Super-Rugby-Liga als Tabellenschlusslicht beendet. Nachdem 1997 Smith und Enoka auf den Plan traten, gewannen sie 1998 den Meistertitel, dem in den zehn Jahren darauf sechs weitere Meistertitel folgten. Damit sind sie bis heute die erfolgreichste Formation in der Geschichte der Super-Rugby-Liga. Der Prozess der „Teamwerdung", um mit Enoka zu sprechen, gelang.

---

„Das Bindemittel jeder Kultur – Religion, Nation oder Mannschaft – ist das Gefühl, eine gemeinsame Identität und einen gemeinsamen Sinn zu haben", sagt Owen Eastwood. Wir identifizieren uns mit dem, was wir „für uns selbst und für unsere tiefsten Überzeugungen als wichtig erkennen … Diese Art von Sinn ist emotional so stark, dass sie unser Verhalten prägen kann." Die Anbindung des persönlichen Ziels an ein „öffentliches" Ziel ist etwas, was die All Blacks beinahe obsessiv in den Fokus stellen: „Es geht darum, was du heute bringst", so Enoka, „und mit welchem Inhalt du dieses Trikot füllst."

Über den persönlichen Sinn verbinden wir uns mit einem übergeordneten Teamziel. Wenn unsere Werte und Überzeugungen mit den Werten und Überzeugungen der Organisation übereinstimmen, legen wir uns für den Erfolg dieser Organisation stärker ins Zeug. Wenn sie nicht übereinstimmen, werden unsere individuelle Motivation, das Zielbewusstsein und somit auch die Organisation geschwächt. Gute Leader sind sich dessen bewusst und arbeiten energisch auf Zusammengehörigkeitsgefühl, Kooperationsgeist und Gemeinschaftssinn hin. „Der Sinn bezieht sich auf ein übergeordnetes Ziel, das über die praktischen Aufgaben, die tagein, tagaus anstehen, hinausgeht", schreibt Eastwood. „Er motiviert den Einzelnen von innen heraus und vermittelt ihm einen Grund für seine Zugehörigkeit und seine Opferbereitschaft."

Das Thema „Identität" spielt in der Kultur von Organisationen eine so große Rolle, dass sich Markenberatungsunternehmen, Werbeagenturen und Personalrekrutierer darum schlagen, diese Identität definieren und liefern zu dürfen. In diesem Bereich bewirken die Unternehmensstrategie, die Vision, die Werte und der Sinn in Verbindung mit Corporate Identity, Design, Werbung und Kommunikation gewaltige Mentalitäts- und Verhaltensänderungen in einem Team oder einer Organisation. Der Weg führt dabei von innen nach außen. In seinem Buch *Drive* schreibt Daniel Pink, Kolumnist der *New York Times*: „Menschen sind von ihrer Natur her auf der Suche nach einem Zweck – sie brauchen einen Sinn, der sie überragt und überdauert." Die überzeugendsten Argumente für seine Theorien sind am leichtesten zu verstehen:

„Wir hängen gut bezahlte Jobs an den Nagel, wenn wir dafür eine sinnvolle Aufgabe bekommen."

„Wir engagieren uns ehrenamtlich."

„Wir haben Kinder!"

Pink ist der Meinung, dass die „Sinnmaximierung" dabei ist, sich neben der Gewinnmaximierung als Leitprinzip für Unternehmen in der ganzen Welt zu etablieren. Er greift in seiner Arbeit den „Hawthorne-Effekt" auf – den Gedanken, dass die emotionale Befriedigung wichtiger ist als die materielle Vergütung. Dass die intrinsische Motivation die Welt regiert und nicht die extrinsische Motivation. Das deckt sich mit Abraham Maslows berühmter „Bedürfnishierarchie". Nach Maslows Überzeugung wendet der Mensch, sobald seine Grundbedürfnisse – Trinken, Nahrung, Schlaf, Unterkunft und Sicherheit – befriedigt sind, seine Aufmerksamkeit seinen inneren Bedürfnissen zu. An erster Stelle stehen dabei soziale Bedürfnisse wie

> **Leader verknüpfen den persönlichen Sinn mit einem übergeordneten Ziel, das überzeugt und die Richtung vorgibt.**

das nach Zugehörigkeit und Liebe, einem Partner oder einer Partnerin und nach einer Familie. Gefolgt vom Bedürfnis nach Wertschätzung, Selbstachtung, Respekt und nach Anerkennung für unser Talent, unsere Fähigkeiten, unser Verhalten. Ganz oben in Maslows Hierarchie steht die Selbstverwirklichung – das Streben nach einem Seelenzustand, der von Präsenz, Flow, Selbstachtung, Selbstentfaltung und Authentizität bestimmt ist.

Übereinstimmungen gibt es auch mit dem Werk des Psychotherapeuten Victor Frankl, der in seinem Buch *Man's Search for Meaning* aus einer Studie der Johns Hopkins University zitiert:

> „Auf die Frage, was in ihren Augen ‚sehr wichtig' sei, gaben nur 16 Prozent das Geldverdienen an. 78 Prozent der Befragten nannten als oberstes Ziel, ‚einen Lebenssinn und Lebenszweck zu finden'."

„Was der Mensch wirklich braucht", meint Frankl, „ist kein Zustand der Spannungslosigkeit, sondern Kampf und Anstrengung für ein Ziel, das es ihm wert ist – für eine frei gewählte Aufgabe. ... Das Menschsein weist immer über sich hinaus, auf etwas oder jemanden hin. Je mehr man sich selbst vergisst – indem man sich selbst einem Zweck hingibt, um zu dienen oder um von einer anderen Person geliebt zu werden – desto menschlicher ist man, und umso mehr verwirklicht man sich selbst." „Selbstverwirklichung", resümiert Frankl, „ist nur möglich als Nebeneffekt der Selbsttranszendenz."

Als Nebeneffekt der Selbstüberwindung.

Oder des Kabinenfegens.

Und sie beginnt mit der Frage „Warum?".

---

Walter Isaacson berichtet in seinem Buch über Steve Jobs, der Apple-Gründer habe eines Tages zu einem Team gesagt: „Die Arbeit, die diese fünfzig Menschen hier leisten, wird das Universum bewegen." Bei anderer Gelegenheit sagte er: „Das Ziel war nicht, die Konkurrenz zu besiegen oder viel Geld zu verdienen. Das Ziel war, das Beste zu erreichen, und wenn möglich sogar noch ein bisschen mehr." Das Ziel, die Leidenschaft und die Produkte – das waren die Faktoren, auf die es ankam und die das Universum verändern würden. In der Folge begannen die Gewinne zu sprudeln. „Man sollte ein Unternehmen nie mit dem Ziel gründen, reich zu werden", hatte Mike Markkula, Apples Mitarbeiter Nr. 3, Jobs ins Stammbuch geschrieben. „Das Ziel sollte vielmehr sein, etwas auf den Markt zu bringen, woran man glaubt, und ein Unternehmen zu schaffen, das von Dauer sein wird."

Noch ein Beispiel: Starbucks-Gründer Howard Schultz schuf sein Unternehmen mit dem durchaus uneigennützigen Ziel, dass alle Mitarbeiterinnen und Mitarbeiter standardmäßig krankenversichert sein sollten. Nur zu gut erinnerte er sich daran, wie sich sein Vater von einem schlecht bezahlten Job zum nächsten hangelte, ohne für den Krankheitsfall versichert zu sein. In diesem übergeordneten Ziel, das über den Verkauf von Kaffee hinausging, sah Schultz den Hauptgrund für seinen Erfolg. „Die Menschen wollen Teil von etwas sein, das größer ist als sie selbst. Sie wollen Teil von etwas sein, auf das sie wirklich stolz sind, für das sie kämpfen und Opfer bringen wollen und auf das sie vertrauen."

Saatchi & Saatchi will „die Welt für jeden zum Positiven verändern". Ford will das „Automobil demokratisieren". Disney „zaubert Kindern ein Lächeln ins Gesicht". Nike „bestärkt das Individuum". Procter & Gamble ist „kompromisslos bestrebt, der Beste zu sein", während es für Toyota „immer einen besseren Weg gibt". Das Ziel mit der stärksten Motivationskraft von allen hat vielleicht der FC Barcelona: Diese Mannschaft spielt für Katalonien – „für die Freiheit".

Jim Collins nennt das in seinem Buch *Good to Great* die „Extra-Dimension" – ein Leitbild, bestehend aus Grundwerten und einem zentralen Ziel, das über das bloße Geldverdienen hinausgeht. So ein Ziel, das elektrisiert und überzeugt und authentisch und konsequent verfolgt wird, sei die wesentliche Triebfeder für Unternehmen, die nicht nur gut, sondern herausragend sein wollen. „Mit der Vernunft kommt man zu Schlussfolgerungen", sagt der kanadische Neurologe Donald Calne. „Emotionen dagegen führen zum Handeln." Wer höhere Leistung will, braucht zuerst ein höheres Ziel. Deshalb muss die erste Frage lauten: Warum?

„Ted“ ist nicht nur der Spitzname des ehemaligen All-Blacks-Trainer Graham Henry, sondern auch der Name einer bekannten Konferenzreihe, die auf ihrer Website unter der Überschrift „Ideas Worth Spreading“ Seminare und Videopräsentationen zeigt. Eines der meistgeklickten Videos bei TED ist eine Präsentation von Simon Sinek, dem Autor von *Start With Why*. Er fasst in Worte, was die meisten von uns intuitiv wissen: „Menschen kaufen nicht, was du tust. Sie kaufen, warum du es tust.“ Das limbische System ist ein Nervenzentrum tief in unserem Gehirn und sorgt dafür, dass die Gefühle, mit denen sich eine Sache für uns verbindet, wichtiger sind als das, was wir über diese Sache denken, und dass wir deshalb, wenn wir es uns aussuchen können, unserem Bauchgefühl folgen. Bei einem Vortrag an der United States Air Force Weapons School sagte Sinek: „Mich interessiert die Frage, was Menschen dazu bewegt, jeden Tag aufzustehen und etwas zu tun, für das sie möglicherweise einen hohen Preis zahlen, Unannehmlichkeiten oder sogar Opfer auf sich nehmen – weil etwas anderes sie antreibt. Was ist dieses Etwas? Nach meiner Erfahrung ist es die Warum-Frage. Sie enthält einen biologischen Imperativ. Sie treibt uns an und inspiriert uns.“ Sinek stellt fest, dass inspirierte Leader und Organisationen unabhängig davon, wie groß sie sind und welcher Branche sie angehören, allesamt „von innen nach außen“ denken, handeln und kommunizieren. Daher habe Martin Luther King „in seiner berühmten Rede auch ‚Ich habe einen Traum‘ gesagt und nicht ‚Ich habe einen Plan‘. Wenn wir Menschen einstellen, die unsere Überzeugung teilen, dann arbeiten sie mit Blut, Schweiß und Tränen.“

> Gute Leader, Organisationen und Teams suchen ihre innere Wahrheit – ihr Warum – und ziehen mit einer gemeinsamen Vision, gemeinsamen Werten und Überzeugungen Anhänger an.

Nietzsche formulierte es so: „Wer ein Warum zum Leben hat, erträgt fast jedes Wie.“ Das ist der Kern einer Denkweise, die auf Visionen und Werten aufbaut.

---

Als Owen Eastwood mit der südafrikanischen Cricket-Nationalmannschaft, den Proteas, zu arbeiten begann, dümpelten sie auf Platz 4 der Weltrangliste vor sich hin. Aus der Sicht des Psychologen waren sie „vom Weg abgekommen“. In einem kooperativen Prozess, in den Spieler, Trainer, Management und sogar einige Zuschauervertreter eingebunden wurden, half Eastwood der Mannschaft, ihr *ubuntu* wiederzuentdecken. Dieses Wort aus den Bantusprachen wurde für die Mannschaft zum zentralen Gedanken, zur Daseinsberechtigung.

Es ist die Antwort auf die Warum-Frage.

*Ubuntu* ist „die Essenz des Menschseins“, erklärt Bischof Desmond Tutu. „*Ubuntu* spricht davon, dass der Mensch nicht als isoliertes Wesen existieren kann. Es spricht davon, dass wir miteinander verbunden sind.“ „*Ubuntu* bedeutet nicht, dass man keine Eigeninteressen haben soll“, stellte Nelson Mandela in einem Interview mit dem Journalisten Tim Modesi klar. „Aber setzt du sie so ein, dass die Gemeinschaft, die dich umgibt, besser wird? Das sind Dinge, auf die es im Leben ankommt.“ *Ubuntu* bedeutet: Von uns gehen Wellen aus, die die größere Gemeinschaft erreichen. Unser Handeln wirkt sich auf alle aus, nicht nur auf uns. Die Proteas nutzen diesen Welleneffekt und die Inspiration, die sie aus ihrer südafrikanischen Heimat schöpfen. Sie spielen für etwas, das größer ist als sie selbst.

---

Auch Jahre nach dem Weggang von Smith und Enoka ist die Vision der Crusaders im Strategieraum des Klubs noch immer deutlich sichtbar. In seinem Buch The Real McCaw beschreibt Greg McGee einen Torbogen aus grauem Styropor mit Giebel, korinthischen Säulen, Sockeln und Fundamentblöcken an einer Wand des Raumes. Das Ganze sieht aus wie die Walt-Disney-Version eines griechischen Tempels. Die Fundamentsteine sind beschriftet. In der Mitte steht „Team First“. Die Mannschaft zuerst. Links und rechts davon stehen die anderen Grundwerte der Crusaders: Loyalität, Integrität, Respekt, Arbeitsethos und Freude. Auf dem mittleren Sockel steht das übergeordnete Ziel: Excellence. Säulen verbinden Fundament und Giebel. Die Säulen sind „Ernährung“, „Körper“, „Technik“, „Praxis“, „Teamgeist“ und „mentale Stärke“. Auf diesen sechs Säulen bauen „Exzellenz" – und Erfolg – auf. „Es ist schon komisch, aber wenn das Team einmal nicht gut drauf ist", erzählt McCaw, „und du dir diese Fundamentblöcke anschaust, findet sich der Grund für die Krise irgendwo dort."

---

Ein zynischer Kommentar wäre leicht, aber wer will bezweifeln, dass solche Dinge funktionieren. So wie die Crusaders unter Smith zur beherrschenden Größe in der Super-Rugby-Liga wurden, fanden übrigens auch die Proteas auf die Straße des Erfolgs, nachdem sie ihr gemeinsames Ziel für sich entdeckt hatten: Am 28. August 2012 wurden sie mit *ubuntu* als Mantra als erstes Team die weltweite Nummer eins in allen drei Austragungsformen. Etwas ganz Ähnliches sollte auch Graham Henry nach dem unglücklichem Start mit den All Blacks gelingen. Mit der konsequenten Anwendung von Storytelling-Methoden, einem delegierenden Führungsstil, einem lernförderlichen Klima und konzentrierter Mentalarbeit vermochte er die Zeit seines Wirkens mit einer Rekord-Siegquote von 86 Prozent und einem Rugby-Weltmeistertitel zu krönen.

---

Wenn der strategische Ansatz „Bessere Menschen bedeuten bessere All Blacks" lautet, was ist dann die innere Wahrheit der Mannschaft? Wie lautet die Antwort auf die Frage nach dem Warum? Glaubt man den Verlautbarungen der NZRU, lautet das Ziel der Mannschaft, „Neuseeland zu einen und zu inspirieren". Aber es geht um mehr. „Wir haben das Glück, dass wir auf eine stolze Geschichte zurückblicken, aus der das Team Motivation schöpft", sagt Graham Henry. „Das ist enorm wichtig für die Jungs, die heute die Verantwortung tragen – denn sie haben die Aufgabe, die *legacy* zu mehren." Die *legacy* mehren.*

---

***Anm. der Redaktion:** Das englische Wort *legacy* bedeutet so viel wie „Hinterlassenschaft", „Vermächtnis" oder auch „Erbe". Eine *legacy* ist etwas, das uns unsere Vorgänger aus der Vergangenheit überliefert, tradiert und weitergegeben haben und aus dem wir für die Gegenwart und die Zukunft etwas lernen sollen – auch um dieses „Vermächtnis" zu würdigen und am Leben zu erhalten.

„Es gibt eine lange Tradition von Spielern, die diesen Auftrag angenommen haben“, sagt Wayne Smith. „Sie hatten die Aufgabe, das Trikot zu veredeln und in einem besseren Zustand weiterzugeben als dem, in dem sie es zum ersten Mal übergestreift haben.“ Der ehemalige All Black Ali Williams formuliert es so: „Du musst das Trikot an einem besseren Ort wieder abgeben.“ „Alles, was ich gemacht habe“, berichtet der legendäre Ex-Spielführer der All Blacks, Sean Fitzpatrick, „war ein einziger Versuch, der nächsten Generation ein noch besseres Team zu übergeben als das, in dem ich selber seinerzeit anfing. Im Klartext hieß das natürlich: Es zählte nur der Sieg. Wir mussten dieses Vermächtnis weitertragen.“

Mit anderen Worten: Die All Blacks müssen immer besser werden.

---

Zurück in den kleinen Raum in Wellington. Wir schreiben das Jahr 2004. Die Helden dieser Geschichte sind noch weit davon entfernt, das Trikot oder auch nur die Statistik an einem besseren Ort zu hinterlassen. Graham Henry erinnert sich, dass die ersten Hoffnungsschimmer erst aufflackerten, als die All Blacks am Ende des gleichen Jahres im Rahmen ihrer Europa-Tour in Paris aufliefen. An jenem Tag erzielten die All Blacks 5 zu 0 Versuche und demontierten Frankreich mit 45 zu 6. Zum ersten Mal zeigten diese All Blacks, wozu sie in der Lage waren und was in ihnen steckte. Bei seiner Rückkehr aus Europa schrieb Henry, wie sich Bob Howitt in seinem Buch *Final Word* erinnert, seinen Bericht an die NZRU:

> „Die Einführung eines Mannschaftsrats hat zum Erfolg beigetragen. Die Spieler haben sehr viel Verständnis und Respekt füreinander und für die Fortschritte ihrer Mitspieler entwickelt. Ihnen ist bewusst geworden, dass sie als Rugbyspieler auf internationaler Bühne alle vor ähnlichen Herausforderungen stehen und dass sie diese Herausforderungen besser gemeinschaftlich meistern und nicht als Einzelkämpfer. Dadurch entstand ein Zusammengehörigkeitsgefühl – die Spieler bildeten eine Einheit. Sie zogen füreinander in die Schlacht.“

„Meine Soldaten haben gewonnen, weil sie wussten, wofür sie kämpfen“, erklärte einst Oliver Cromwell, „und weil sie das, wofür sie kämpften, liebten.“ Für ein Kriegervolk aus Neuseeland war das der Anfang einer Existenz als Team.

---

## Spiele mit Sinn und Ziel

Der Grundantrieb des Menschen kommt von innen – die intrinsische Motivation übersteigt die extrinsische. Leader, die die Kraft eines Zieles nutzen, können eine Gruppe zusammenschweißen, ihr Verhalten auf die strategischen Grundpfeiler des Unternehmens ausrichten.

Mit lebendigem Storytelling, das mit Inhalten, Symbolen, Bildern, Ritualen und Mantras arbeitet und diese mit Fantasie und Gespür lebendig werden lässt, schaffen Leader ein Gefühl der Zugehörigkeit, Verbundenheit und Einheit – eine echte gemeinschaftliche und kooperative Grundhaltung. Die ersten Fragen lauten dabei: Warum? Wofür machen wir das hier? Wozu opfere ich mich für dieses Projekt auf? Was ist der höhere Sinn? Die Antworten auf diese Fragen können das Geschick einer Gruppe oder eines Unternehmens von Grund auf verändern – indem sie den Einzelnen motivieren, ein kulturelles Bindemittel liefern, das Verhalten lenken und ein Grundgefühl der Sinnhaftigkeit und persönlichen Bindung entstehen lassen. Das ist der erste Schritt zur Existenz als Team.

# Spiele mit Sinn und Ziel

Frag nach dem Warum.

*Whāia e koe ki te iti kahurangi;*
*ki te tuohu koe, me he maunga teitei.*
Mach dich auf die Suche nach dem Schatz,
der dir das meiste bedeutet;
wenn du dein Haupt beugst,
dann beuge es vor einem erhabenen Berg.

# IV
# VERANTWORTUNG

*Haere taka mua, taka muri; kaua e whai.*
Du sollst führen, nicht folgen.

## PASS DEN BALL
Leader bringen
Leader hervor.

## Hackney, London, 2002

Ein Autobesitzer in Hackney hatte Probleme mit einer Gruppe marodierender Jugendlicher, die mehrfach seinen Wagen, einen schnittigen Saab 900 Turbo, aufbrachen. Kaum hatte er die Schlösser ausgetauscht, wurde das Auto erneut aufgebrochen. Von da an verzichtete er darauf, es abzuschließen. Daraufhin ging die Gang dazu über, den Wagen als Toilette zu nutzen. In seiner Hilflosigkeit begab sich der Mann auf die Polizeiwache. „Was werden Sie dagegen unternehmen?", fragte er. „Wir haben nicht das nötige Personal", gab der Wachtmeister zurück. „Was werden Sie dagegen unternehmen?" Das war die Geburtsstunde des Fußballturniers „Teenage Kicks". Das Ziel der Veranstaltung, bei der Jugendliche aus problematischen Verhältnissen in Fünferteams gegeneinander antraten, war simpel: Aus Gangs sollten Mannschaften werden. In einem Stadtbezirk, in dem es keine Jobs und auch sonst nichts zu tun gab, sollte etwas Sinnvolles entstehen: das Gefühl, ein Ziel zu haben, dazuzugehören, im Team zu arbeiten und vor allem Verantwortung zu übernehmen. Das Konzept bekam den Namen „Pass the Ball" und sollte „den Einzelnen befähigen und stärken, indem er Verantwortung für den Erfolg des Teams übernimmt".

Wie funktionierte das konkret?

Die Organisatoren kümmerten sich um Spielstätten, Ausrüstung, Schiedsrichter, Ordner und Zeitplanung und übergaben dann die Verantwortung in die Hände der Jugendlichen, die damit buchstäblich den Ball zugespielt bekam. Es wurden gezielt Gangmitglieder angesprochen und solche Personen, bei denen das Abrutschen in die Szene kurz bevorstand. Die erste Zielgruppe waren Alphatiere zwischen 19 und 25 Jahren, die natürliche Führungsqualitäten erkennen ließen: Mut, Respekt und die Fähigkeit, andere einzubeziehen und zu motivieren. Diesen Jugendlichen wurde die Managerrolle angeboten, die in einem Stadtviertel, das ziemlich genau in der Mitte zwischen dem Sitz von Arsenal London und Tottenham Hotspur liegt, mit viel Renommee verbunden war. Die Manager bekamen die Aufgabe, einen Kapitän für ihr Team zu finden. Und welche Aufgabe bekam der Kapitän? Er musste ein Team zusammenstellen.

Und welche Aufgabe bekam das Team? Es musste zu jedem Spiel pünktlich erscheinen. Wenn die Spieler unpünktlich waren, wurde das Team disqualifiziert – und zwar nicht nur für dieses Spiel, sondern für das ganze Turnier. Auf diese Weise wurde die Verantwortung wie der Ball beim Passspiel vom einen zum anderen weitergegeben, und jeder einzelne Beteiligte nahm den Ball und seine Verantwortung an. Die Initiatoren rechneten am ersten Abend mit einem Dutzend Mannschaften. Stattdessen erschienen 52 Teams pünktlich und spielbereit. In den folgenden vier Wochen wurde kein einziges Team disqualifiziert. Zehn Jahre später läuft das Programm „Teenage Kicks" nach wie vor mit großem Erfolg.

**Leader bringen Leader hervor, indem sie ihnen Verantwortung für sich und andere übertragen und Vertrauen aufbauen.**

Pass den Ball.

---

„Das Managerteam", berichtet Graham Henry, „spürte, dass es seine Führungsrolle an die Spieler abgeben musste. Schließlich sind es die Spieler, die das Spiel bestreiten, und deswegen sind sie es, die auf dem Platz die Führung übernehmen müssen. Aus dem herkömmlichen „ihr" wurde „wir". Es wurden Mannschaftsräte gebildet, in denen erfahrene Schlüsselspieler die Verantwortung für bestimmte Aufgaben übernahmen: die Führungsrolle auf dem Platz wahrnehmen, das Mannschaftsgefüge organisieren, neue Spieler an die Hand nehmen und die Beziehungen zur Öffentlichkeit und zum Umfeld pflegen. Die Spieler „weihen die jungen Spieler ein, erklären ihnen, was von ihnen erwartet wird", erläutert Henry. „Wenn sie diese Informationen von Ihresgleichen bekommen, nehmen sie sie besser auf."

Unter Henrys Oberkommando und mit Enokas Unterstützung schlug die Gruppe den Pfad der Kulturveränderung ein. Ein Prozess, der Geduld erfordert. „Durch die Verantwortung und die privilegierten Rollen entsteht das, was wir *mana* nennen", erklärt Enoka. „Niemandem wird etwas aufgedrückt." Der Wandel vollzog sich nicht über Nacht, und die Spieler machten auch nach ihrer eigenen Einschätzung nicht auf Anhieb alles richtig, aber nach und nach fruchtete die Kulturveränderung.

Ein anschauliches Beispiel für das Managementmodell ist der Ablauf einer Arbeitswoche bei den All Blacks: Am Sonntagabend finden Auswertungsgespräche statt, bei denen die Trainer moderieren, aber die Führungsspieler den Input liefern. Die Woche über werden dann Entscheidungsaufgaben und andere Verantwortlichkeiten schrittweise an die Spieler übertragen. Bis Donnerstag haben die Spieler Prioritäten, Intensitätsstufen und andere Faktoren verinnerlicht. Bis zum Spiel am Samstag übernehmen die Spieler das Kommando. „Ich bin nur ein Helferlein", sagt Henry.

Diese Vorgehensweise lässt sich eins zu eins auf das Geschäftsleben übertragen: Auch dort legt der Chef die Ziele und Parameter fest und spielt den Ball dann dem Team zu, legt die Verantwortung für die Umsetzung und für die Details in die Hände des Teams. So sieht ein Führungsstil aus, der neue Leader hervorbringt.

> Gemeinsame Verantwortung bedeutet, dass man die Aufgabe zur gemeinsamen Chefsache macht. Wenn jeder das Gefühl hat, einbezogen zu werden, erhöht das die Bereitschaft jedes Einzelnen, sich für die gemeinsame Sache ins Zeug zu legen.

Im Unterschied zu anderen Mannschaften im internationalen Geschäft bekommen die All Blacks vor dem Spiel keine aufrüttelnde Ansprache ihres Trainerteams zu hören. Bei einer Pressekonferenz im Rahmen der Rugby-Weltmeisterschaft erklärte Henry: „Die Zeit vor dem Auflaufen gehört den Spielern. Diese Zeit muss ihnen gehören. Sie müssen ihren Kopf klar bekommen, sich sammeln und sich auf das Spiel fokussieren." Von allem, was er in seinem Rugbyleben geschafft habe, erfülle ihn am meisten mit Stolz, dass er seine Spieler befähigt habe, die Verantwortung für ihr Umfeld und für das Gesamtklima in die eigenen Hände zu nehmen. „Wir mussten mehr Kooperationsgeist entwickeln, um gemeinsam zu wachsen", sagt Gilbert Enoka. „Wenn wir eine Gemeinschaft sind, kommen wir am besten weiter."

„Wir haben komplett umgeschaltet von einseitigen Entscheidungsprozessen hin zu einer dualen Führungsstruktur, bei der zum großen Teil die Spieler die Standards setzen – Standards für die Lebensführung und Verhaltensnormen, die alle akzeptieren können", sagt Wayne Smith. „Die duale Führungsstruktur war für unseren Erfolg sehr wichtig", erklärt Graham Henry. „Vielleicht ist sie der Grund für den Erfolg."

Pass den Ball.

---

„Leader ziehen keine Mitläufer groß", lautet ein berühmter Satz von Tom Peters, „sondern bringen neue Leader hervor." Bei einem Vortrag auf der jährlichen Wharton Leadership Conference debattierten der Astronaut Jeffrey S. Ashby und der Abenteuerreisende John Kanengieter über die Bedeutung „aktiver Gefolgsleute“. Beide berichteten, wie sich eine oder mehrere Personen in ihrem Team in einer Drucksituation einen Ruck gaben und Verantwortung für einen entscheidenden Teil eines Projekts übernahmen. „Unsere Führungsstruktur nutzt die Stärken von aktiven Gefolgsleuten“, so Kanengieter. „Das ist hochgradig effektiv, wenn die Lage ungewiss ist und man zwischen gegensätzlichen Optionen wählen muss.“

Kevin Roberts von Saatchi geht das noch nicht weit genug:

> „Eine entscheidende Rolle für das Gewinnen spielt die Sprache. Die Sprache steckt den mentalen und physischen Rahmen für den Sieg ab. Ein Team, in dem es nur Gefolgsleute gibt, ist sofort in der Defensive. Ein Team von Leadern gibt Gas und findet heraus, wie es gewinnen kann.“

In seinem Buch *All In: The Education of General David Petraeus* erklärt der ehemalige Befehlshaber der US-Streitkräfte in Afghanistan: „Flöße deinen Teammitgliedern ein starkes Bewusstsein für den eigenen Wert ein – ein Bewusstsein dafür, das im Kampfeinsatz jeder Einzelne jederzeit zum wichtigsten Akteur werden kann.“

Stephen Donald wurde 2011 zum untypischen Helden. Nach einer unglücklichen Vorstellung im Spiel gegen Australien ein Jahr zuvor waren viele davon ausgegangen, Donalds Karriere als All Black sei beendet. Während auf der Weltbühne die Rugby-Weltmeisterschaft ausgetragen wurde, saß Donald am Waikato River und angelte. Doch dann brach eine ganze Serie von Katastrophen über die All Blacks herein. Dan Carter, der Verbinder – wohl der talentierteste Spieler der Welt und unbestreitbar der Top-Scorer der Rugbygeschichte –, galt als wesentliche Stütze für einen Sieg der All Blacks. Beim abschließenden Kicktraining hörte er einen Knall und spürte dann einen stechenden Schmerz. Bei Carter war eine Sehne gerissen. Die Rugby-WM war für ihn vorbei. Eine ganze Nation war den Tränen nahe. Carters Ersatzmann Colin Slade rückte nach. Doch eine nicht voll auskurierte Leistenverletzung verschlimmerte sich im Viertelfinale gegen Argentinien so stark, dass auch Slade aus dem Spiel war. Die Nation verfiel in Trauer.

Jetzt gab es nur noch einen spezialisierten Verbinder im Kader. Graham Henry besorgte sich Donalds Telefonnummer. Als Donald ihn schließlich zurückrief, fragte der Trainer, was er gerade mache. Er sei beim Whitebait-Fischen. „Wir hatten einen guten Tag und fast elf Kilo gefangen, aber es kam ja noch viel besser", erzählte Donald später bei einer überfüllten Pressekonferenz. Henry sagte zu ihm: „Wenn du deinen Fang nach Auckland ins Heritage Hotel bringst, bist du im Kader."

Im Endspiel gegen Frankreich ging in der 43. Minute Aaron Cruden, der Ersatzmann des Ersatzmanns auf der Spielmacherposition, zu Boden. Er hatte sich das Knie verdreht. Der eigentlich schon ausgemusterte Stephen Donald lief mit einem geliehenen Trikot aufs Spielfeld, das ihm eine oder zwei Nummern zu klein war. Die Nation hielt den Atem an. Im knappsten und zermürbendsten Finale überhaupt vergaben die Franzosen einen Strafkick. Donald ließ sich nicht lange bitten, griff sich in diesem Schicksalsmoment den Ball, nickte den Torstangen zu und verwandelte den Kick. Es sollten die spielentscheidenden Punkte zum Sieg sein. Neuseelands vierte Wahl als Verbinder hatte seit sechs Wochen kein Rugbyspiel mehr bestritten, aber als es darauf ankam, war er zur Stelle und wurde zum Mann des Tages.

Pass den Ball.

---

Wenn Henry erklärt, „die traditionellen Methoden greifen nicht mehr", meint er damit jene zentralisierte Befehlsstruktur der alten Schule, in der die Führung ein Projekt bis in die kleinsten Kleinigkeiten genau kontrollieren will. Das Problem dabei: In einer VUCA-Welt stößt diese Herangehensweise an ihre Grenzen. In seinem Buch *Delivering Results* zitiert Personalmanagement-Guru David Ulrich den früheren Stabschef der US-Armee, General Gordon R. Sullivan:

> „Der Wettbewerbsvorteil ist dahin, wenn Entscheidungen immer erst die Befehlskette rauf und runter müssen. Jeder Zug und jede Panzerbesatzung hat Echtzeitinformationen darüber, was um sie herum vor sich geht, wo der Feind steht, welche Waffensysteme und welche Zieltechnik er hat. Sobald jeder verstanden hat, was der Kommandeur erreichen will, müssen die Entscheidungen an die unterstmögliche Ebene delegiert werden, damit die Soldaten an der Frontlinie alle Chancen nutzen können, die sich auftun."

In der VUCA-Welt, in der wir alle leben – ob beim Militär, in der Wirtschaft oder im Sport –, müssen Teams in der Lage sein, schneller zu reagieren als das Gegenüber, ihre Taktik zu korrigieren und in der Situation zu entscheiden. In seinem Grundlagenpapier *America's Military – A Profession of Arms* skizziert General Martin E. Dempsey, Vorsitzender der Vereinigten Stabschefs der US-Streitkräfte, die militärische Befehlsstruktur der Zukunft, die es möglich machen muss, mit asymmetrischen Kampfsituationen in Echtzeit umzugehen. Die von ihm so bezeichnete neue Befehlsstruktur „Mission Command" – zu Deutsch „Führen mit Auftrag" oder „Auftragstaktik" – werde die althergebrachte Top-Down-Hierarchie von „Befehl und Kontrolle" ablösen, bei der die eingesetzten Soldaten nur Schachfiguren auf dem Spielbrett waren:

> Führungskräfte müssen ihr Team befähigen, auf einen sich verändernden Kontext angemessen zu reagieren, ohne dabei das Ziel aus dem Blick zu verlieren. Dafür müssen sie den Mitarbeitern vermitteln, was genau erreicht werden soll.

> „Es ist davon auszugehen, dass in zukünftigen Kriegen die Unwägbarkeiten immer komplexer werden. Um das Potenzial voll auszuschöpfen und die Initiative und Innovationskraft aller Teammitglieder zu nutzen, muss Joint Force 2020 mit der Auftragstaktik arbeiten. Die Führungskräfte müssen die Eigeninitiative des Einzelnen fördern. Das erreichen sie, indem sie eindeutige und vollständige Aufträge erteilen und ein Klima von gegenseitiger Akzeptanz und Vertrauen schaffen."

Beim Führen mit Auftrag gibt die Führungsperson Folgendes vor:

1. Ein klar definiertes Ziel
2. Die benötigten Mittel
3. Den Zeitrahmen

Der Rest ist Sache der einzelnen Akteure, die im Einsatz stehen. Damit die Auftragstaktik funktionieren kann, müssen alle Beteiligten genau verstehen, was die Führung erreichen will, und richtig geschult sein. Mike Tyson, der ehemalige Schwergewichts-Weltmeister, sagte einmal: „Jeder hat einen

Plan, bis er einen Schlag ins Gesicht bekommt.“ Die Methode Führen mit Auftrag ist eine Antwort auf eine VUCA-Welt, in der schiefgeht, was schiefgehen kann.

Die Auftragstaktik wurde in der Praxis erprobt und verfeinert. Dabei zeigte sich, dass sie

- Personen befähigt, eigenständig und kritisch zu denken, nach dem Prinzip des OODA-Loops vorzugehen und ihr Handeln schnell an sich verändernde Umstände anzupassen
- ein Klima der Anpassungsfähigkeit erzeugt, in dem auch in Drucksituationen richtige Entscheidungen getroffen werden
- flexible Führungsteams entstehen lässt, deren Mitglieder klar, sicher und eigenständig agieren
- die Identifikation mit dem Team, die Eigenverantwortung sowie das Vertrauen und gegenseitigen Respekt stärkt
- beste Rahmenbedingungen für eine schnelle Entscheidungsfindung schafft, weil Rollen und Verantwortung klar verteilt sind.

Henry, Smith, Hansen und Enoka sowie das übrige Führungspersonal der All Blacks „operationalisierten“ das Konzept in Schlüsselbereichen, indem sie

- sich zur notwendigen Veränderung bekannten und eine präzise Zielvorgabe für das Team erarbeiteten
- Führungsaufgaben an erfahrene Spieler übertrugen, wozu sie einen Mannschaftsrat bildeten, der wichtige Entscheidungen trifft und mit seiner Autorität Standards und Verhaltensvorgaben durchsetzt
- „Individual Operating Units“ einrichteten, in denen jeder Spieler ganz bestimmte Verantwortlichkeiten und Führungsaufgaben wahrnimmt
- einen Ablauf für die Arbeitswoche erdachten, bei dem die Entscheidungsverantwortung Schritt für Schritt vom Management auf die Spieler übergeht, bis sich am Samstag die Verantwortung für das Team komplett in Händen der Spieler befindet

- eine „Üben, um zu gewinnen"-Trainingseinheit konzipierten, in der das Team übt, in Drucksituationen zufällig ausgewählte Problemlösungstechniken anzuwenden und mit Befragungstechniken, die die Eigeninitiative stärken, sowie besonders intensivem Training auf die Wettkampfsituation vorbereitet wird
- sie sich damit beschäftigten, wie das Gehirn bei Stress reagiert, und auf Basis ihrer Erkenntnisse den Spielern Mittel an die Hand gaben, in der Situation präsent zu bleiben und trotzdem einen kühlen Kopf zu bewahren, damit sie in Drucksituationen die richtigen Entscheidungen treffen können
- ein lernförderliches Klima schufen, in dem jeder Einzelne in Eigenregie und mithilfe von individuell auf ihn zugeschnittenen Selbstoptimierungsprogrammen an sich arbeitet
- Techniken, Rituale und sprachliche Mittel entwickelten, die den Spielern helfen, sich auf das Wesentliche zu fokussieren, und mit allen zur Verfügung stehenden Varianten des Storytelling das Zielbewusstsein und die Willenskraft des Teams stärkten.

Pass den Ball.

---

2004 „griff das Trainerteam nach den Sternen", berichtet Anton Oliver. „Dafür musste alles umgekrempelt werden. Graham Henry bewies eine Menge Mut, denn von seiner Veranlagung her ist er ein Kontrollfreak. Der ganze Erfolg der Mannschaft beruht auf den entscheidenden Fragen, die er sich selbst stellte."

Henry praktiziert das, was Jim Collins in seinem Buch *Good to Great* „Level 5 Leadership" nennt: eine „paradoxe Kombination aus Demut im Persönlichen und Willensstärke im Professionellen". Das war ihm nicht in die Wiege gelegt, vom Typ her ist er eher ein Autokrat. Aber er hat sich weiterentwickelt und gelernt, wie man eine Kultur formt, in der alle an einem Strang ziehen, in der sich die Talente jedes Einzelnen entfalten können und

> Leader bringen Leader hervor. Sie bringen ihren Untergebenen Entschlossenheit bei und nehmen sich dann selbst zurück. Sie machen den Weg frei.

in der ein Stephen Donald unter Druck Verantwortung übernimmt, die richtigen Entscheidungen trifft und diese Entscheidungen punktgenau umsetzt.

Collins unterstreicht in seinem Buch einen Aspekt, den sich Vorstandsmitglieder, die nicht direkt an der Geschäftsführung beteiligt sind, merken sollten:

> „Alle Unternehmen, die den Sprung von gut zu überragend geschafft haben, hatten in der Übergangszeit eine Level-5-Führungsstruktur."

Level-5-Leader, so führt Collins aus, „lenken ihre Ich-Bedürfnisse von der eigenen Person weg und richten sie auf das übergeordnete Ziel, das Unternehmen zum Erfolg zu führen. Ihr Ehrgeiz richtet sich in erster Linie und vor allem auf die Institution und nicht auf die eigene Person."

Pass den Ball.

---

**Pass den Ball**

Aufgeklärte Leader geben bewusst Verantwortung ab, um engagierte Teamplayer heranzuziehen, die in der Lage sind, ihr Vorgehen auf die Umstände einzustellen. Das Modell „Befehl und Kontrolle" ist für die VUCA-Welt zu schwerfällig und immer weniger konkurrenzfähig. Wer aus einer Führungsposition heraus eine Managementstruktur schafft, in der Verantwortung delegiert wird, stärkt Identifikation, Autonomie und Eigeninitiative, indem er seine Mitarbeiter ermächtigt, ihnen das angestrebte Ziel plastisch vor Augen stellt, den Plan erläutert, die richtigen Mittel und Instrumente bereitstellt und ihnen zutraut, dass sie das tun werden, was sie tun sollen. Das Resultat ist ein Team von individuellen Persönlichkeiten, die gerüstet und in der Lage sind, Verantwortung zu übernehmen, wenn es darauf ankommt.

# Pass den Ball

Leader bringen Leader hervor.

*Ki ngā whakaeke haumi.*
Holt die Leute zusammen, die die Teile zu einem Kanu zusammenbauen können.

(Sucht einen Anführer, der die Menschen zusammenbringt.)

# V
# LERNEN

*Kohia te kai rangatira, ruia te taitea.*
Sammle die gute Nahrung ein und wirf die Abfälle weg.

## EIN LERNFÖRDERLICHES KLIMA SCHAFFEN

Leader sind Lehrende.

„Ich habe einen pädagogischen Background“, sagt Graham Henry. „Deswegen lege ich großen Wert auf ein lernförderliches Umfeld. Es führt dazu, dass die Beteiligten besser werden und mehr aus sich herausholen: Was können wir hier besser machen, wie kriegen wir das noch besser hin?“

---

In *Drive* benennt Daniel Pink die drei Faktoren, die nach seiner Meinung einen Menschen motivieren: Können, Eigenständigkeit und Zielbewusstsein. Zielbewusstsein ist die Bindung an die Identität des Teams, von der in Kapitel III die Rede war. Diese Bindung lässt eine emotionale Verbundenheit zwischen den Mitgliedern einer Gruppe wachsen und ist eine stärkere Motivation als Geld, Status oder ein neuer Firmenwagen. Eigenständigkeit ist das direkte Ergebnis der dualen Führungsstruktur und der Auftragstaktik, über die wir in Kapitel IV gesprochen haben. Eigenständigkeit entsteht, wenn die Teammitglieder ihr Schicksal selbst in die Hand nehmen und selbstbestimmt entscheiden, wie sie eine bestimmte Aufgabe angehen. Können ist der Faktor, um den es in diesem Kapitel gehen soll. Die entscheidenden Fragen dabei lauten: Wie schaffen die Leader ein Klima, in dem jeder Einzelne wachsen und immer professioneller werden kann? Wie bereiten sie den Boden, auf dem Könnerschaft gedeiht? Wie sorgen sie dafür, dass dies tagtäglich gelingt?

---

Sean Fitzpatrick ist ohne Frage ein herausragender All Black – vielleicht der Größte von allen. 92-mal lief er für die neuseeländische Auswahl auf, gehörte zur Siegermannschaft bei der Rugby-WM 1987, war von 1992 bis 1997 Kapitän der All Blacks und führte sie zu einer unvergessenen Serie von Siegen gegen Südafrika auf südafrikanischem Boden. Fitzpatrick beschäftigt sich intensiv mit der Frage, wie Erfolg entsteht. Seine Firma Front Row Leadership, die sich auf Motivationstechniken spezialisiert hat, ist bestens ausgelastet. Seine Botschaft lautet: „Sei so gut, wie du nur sein kannst.“ „Erfolg“, sagt er, „stellt sich dadurch ein, dass man sich konsequent Schritt für Schritt verbessert.“

Aus seiner Sicht geht es darum, sich unnachgiebig auf große Ziele zu fokussieren, zu siegen und etwas Herausragendes zu hinterlassen. Ebenso wichtig sei es, sich durch Übung und Praxis akribisch vorzubereiten. „Die besten Sportler der Welt trainieren mehr als sie spielen", sagte er dem *New Zealand Management Magazine*. „Auch Unternehmensmitarbeiter sollten trainieren. Sie sollten abends, wenn sie nach Hause kommen, analysieren, was sie an dem betreffenden Tag geleistet haben. Das tut niemand, aber man sollte es tun. Wer etwas gut können will, muss üben – und zwar reichlich."

„Exzellente Unternehmen glauben nicht an Exzellenz", schreibt Tom Peters in *Thriving on Chaos*, „sondern nur an stetige Optimierung und permanenten Wandel." Erfolg, so Peters, erreiche, wer über einen langen Zeitraum konsequent seine Leistung steigere – und die kleinen Schritte gehe, die in der Summe einen Quantensprung ergeben.

> **Spitzenleistung ist ein Entwicklungsprozess aus geballtem Lernen und schrittweiser Optimierung.**

„Wir stellen den Status quo permanent infrage", sagt Graham Henry. „Ständig hinterfragen wir, wie wir als Einzelpersonen und als Team agieren. Wie können wir unsere Sache noch besser machen?" Dementsprechend herrscht bei den All Blacks eine lernorientierte Atmosphäre. Auch die Mitglieder der Führungsriege sind gewissermaßen Rugbyschüler und permament auf der Suche nach Verbesserungspotenzial. Führende sind Lehrende. Henry ist tatsächlich Lehrer von Beruf. Seine pädagogische Erfahrung hat das Umfeld bei den All Blacks mitgeprägt.

Alfred Chandler, Wirtschaftshistoriker und Pulitzer-Preisträger, schrieb in einem seiner Bücher „structure follows strategy". Strategische Notwendigkeiten bringen neue Organisationsformen hervor. Ohne die passenden Strukturen wird eine Strategie nicht zum Erfolg führen, und wenn der Wille noch so stark ist. Damit nicht genug, falsche Strukturen werden zur falschen Strategie.

Um die Strategie, die in der Maxime „Bessere Menschen bedeuten bessere All Blacks" steckt, umzusetzen, strukturierten Henry & Co. die Arbeitswoche um:

**Sonntag** Morgen: Verletzungssprechstunde
Vormittag: Erholungseinheit
Abend: Auswertungsrunde im Mannschaftsrat

| | |
|---|---|
| **Montag** | Mentaltraining und leichtes Rugby-Training |
| **Dienstag** | Krafttraining mit schweren Gewichten<br>Technik- und Standardsituationen-Training |
| **Mittwoch** | Freier Tag: Entspannung und Erholung |
| **Donnerstag** | Vormittag: Technische Anpassungen<br>Nachmittag: intensive „Üben, um zu gewinnen"-Einheit |
| **Freitag** | „Captain's Run", Trainingseinheit in Eigenregie der Spieler |
| **Samstag** | Nachmittag: „Walkthrough", nichtöffentliches Training<br>Abend: Spiel |

Auf der Basis dieses Wochenplans wurde für jeden einzelnen Spieler ein persönliches Programm erstellt. So gelang der Sprung vom Vorhaben in die Realität, von der Vision zum Handeln.

Aufgeklärte Leader schaffen eine systematische Struktur für die Weiterentwicklung des Teams und kombinieren diese mit einem individuellen Plan für die Weiterentwicklung jedes Einzelnen.

„Für jeden Spieler", erzählt Henry, „wurde ein persönliches Profil mit sieben oder acht Säulen erstellt, das in einen täglichen Selbstoptimierungsplan übersetzt wurde. Dieser tägliche Selbstoptimierungsplan hieß „Was ich heute mache". Die Wochenstruktur und die Aktivitäten und Schwerpunkte jedes einzelnen Spielers unter der Woche bildeten zusammen die Strategie. Eine Strategie, mit der sich das Team einen kleinen goldenen Pokal holte.

---

Die All Blacks sind klar im Vorteil gegenüber den meisten „Teams" in einem Unternehmen: Sie haben fast jede Woche ein Spiel. Und zu diesem Spiel bekommen sie sofort eine Rückmeldung – erst auf der Anzeigetafel und dann am Morgen nach dem Spiel in den Schlagzeilen. Mithilfe von Analysen lässt sich genau aufschlüsseln, welchen Anteil jeder

Einzelne daran hatte, ob die Strategie aufging oder eben nicht aufging. Es gibt Videoaufzeichnungen. So klar definierte Parameter und so zeitnahe Evaluationsmöglichkeiten haben die wenigsten Firmenchefs zur Verfügung. Vielleicht gibt es deshalb so wenige Unternehmen, in denen die Arbeitswoche so sorgfältig und effektiv durchstrukturiert wird wie bei den All Blacks. Wollte man das ändern, könnte man in der Montagmorgenrunde bei Kaffee und Croissants einen detaillierteren Plan für den Weg besprechen, den jeder Einzelne in der Woche zurücklegen soll, „einen Selbstoptimierungsplan ... ein lebendes Dokument“, wie Henry es nennt. Aber nur wenige Unternehmen stellen sich die Frage, wie Strategie und Struktur zusammenhängen. Wie man eine übergreifende Vision mit dem verknüpft, was in der Arbeitswoche konkret passiert. Dabei gibt es heute viel mehr Möglichkeiten, genau das zu tun, schließlich hat der technologische Fortschritt Transparenz, Messgrößen und Vernetzung mit sich gebracht.

Gilbert Enoka führt neben seiner Arbeit als Mentaltrainer der All Blacks ein Zweitleben. In den Saisonpausen ist er für eine große, multinationale Immobilienfirma tätig, wo er Teamkultur und Mentalität im Unternehmen verbessern hilft. Die Methoden, mit denen er dort arbeitet, übernimmt er von den All Blacks und umgekehrt. „Es gibt“, sagt Enoka, enorme „Synergien, was Werte, die Vision und die von Werten getragene Kultur“ betrifft – und auch, was die individuelle Förderung angeht. Sowohl im Profisport wie auch im Unternehmen gilt: Wenn du deine Trefferquote nicht erfüllst, Kollege, bist du weg vom Fenster.“ Viele Fragen, die er im Unternehmen aufwirft, stellen sich genauso bei den All Blacks:

> „Wo sitzt die Seele dieses Unternehmens? Was ist Sinn und Zweck von Harcourt? Welche Werte beeinflussen euer Handeln? Wir kamen auf die Maxime ‚People first‘ – auf die Menschen kommt es an. Daraus ergab sich wiederum: das Richtige tun, mutig sein auf der Mikroebene, fördern und bestärken auf der Mikroebene, sich auf neues Terrain vorwagen, Spaß und Freude haben. Diese Werte sind der rote Faden, die Seele des Unternehmens. Und immer geht es darum, dazulernen.“

„Wenn etwas dem gesunden Menschenverstand entspricht“, sagt er, „heißt das noch lange nicht, dass es auch gängige Praxis ist.“

---

Wenn man es richtig aufzieht, kann sich eine Lernstruktur über viele Organisationsebenen hinweg erstrecken. Bei den All Blacks wird die Lernstruktur um die Saison und um jede Testserie herum gebaut – einzelne Kapitel einer ganzen Geschichte. Die Struktur stellt sicher, dass das Team und jeder einzelne Spieler zum entscheidenden Zeitpunkt die optimale Leistung abrufen können. Sie gibt vor, wann neue Spieler eingeführt und andere Spieler geschont werden, welche Fähigkeiten neu vermittelt und welche aufgefrischt werden, und bringt das Team genau zur richtigen Zeit körperlich und psychologisch in Top-Form. Alle Teile fügen sich in den großen Vierjahreszyklus im Rugbysport ein. „Jahrelang war die Weltmeisterschaft die Vision“, sagt Henry, „alle zwei Jahre rückte sie in greifbarere Nähe. Diverse Turniere dienten als Etappenziele und boten Gelegenheit, Siege einzufahren und noch besser zu werden. Die Weiterentwicklung des Teams vollzieht sich innerhalb einer bestimmten Struktur, ebenso wie die individuelle Entwicklung, und dieser Prozess geht immer weiter.“

> Ein täglicher Selbstoptimierungsplan ist ein leistungsfähiges Instrument bei der Teambildung und Organisationsentwicklung. Ein lebendes Dokument setzt immer wieder neue Ziele und fördert neue Fähigkeiten, sodass der Betreffende noch mehr an seine Grenzen geht, leistungsfähiger wird und mehr für das Team erreicht.

Zusätzlich gibt es „eine Reihe von Programmen, die man ausprobiert, um auf dem Spielfeld damit zu arbeiten“, berichtet Graham Henry. „Es gibt festgelegte Abläufe und ein festes Vorbereitungsritual, aber dazu kommen immer noch Kleinigkeiten, die dem Ganzen das Sahnehäubchen aufsetzen.“ Zu diesen „Sahnehäubchen“ gehören auch psychologische Anreize, wie der, genau diese Mannschaft an genau diesem Tag zu schlagen, etwa weil der Gegner Australien oder England heißt oder weil ein

Spieler heute zum fünfzigsten Mal im Trikot der All Blacks aufläuft. „Das gewisse Etwas ist wichtig", schmunzelt Henry.

Führende sind Lehrende.

---

Bei den All Blacks gibt es ein System der ständigen Verbesserung, das zur Institution geworden ist. Dieses System setzt auf mehreren Ebenen an: auf der Ebene der „Superstruktur" (Saison und WM-Vierjahreszyklus), auf der Mannschaftsebene (Auswahl, gezielter Leistungsaufbau, taktische Vorbereitung usw.) und auf der individuellen Ebene („Was ich heute mache"). Entsprechend der ursprünglichen Bedeutung des Wortes *kaizen* steht bei diesem System die Selbstoptimierung am Anfang: die Förderung der Fähigkeit jedes Einzelnen, auf Zuruf aufzustehen und das Heft in die Hand zu nehmen. Aber es geht noch einen Schritt weiter. Hier kommt ein Schlagwort ins Spiel, das in der Sportwelt für Aufsehen gesorgt hat: die „aggregation of marginal gains" – die Summierung minimaler Zugewinne – oder, anders ausgedrückt, das Bestreben, auf der Suche nach dem Leistungsoptimum jede Einzelheit, auf die man Einfluss nehmen kann, zu perfektionieren. „Wettrennen werden mit Sekundenbruchteilen Vorsprung gewonnen", schreibt John Wooden, „und Meisterschaften mit einem einzigen Punkt. Wenn man dem Gegner um diesen Sekundenbruchteil und diesen einzigen Punkt voraus ist, liegt das daran, dass auf dem Weg zum Ziel entscheidende Details richtig gemacht wurden." Berühmt wurden die „marginal gains" in den vergangenen Jahren durch das Wirken von Clive Woodward als Trainer der englischen Rugby-Nationalmannschaft und durch die Arbeit von Dave Brailsford mit British Cycling und dem Team Sky.

Als Woodward 1997 seinen Dienst beim englischen Rugbyteam antrat, übernahm er ein altertümliches Paralleluniversum, in dem der Coach nicht einmal einen Schreibtisch im Rugby House hatte und England trotz seiner überlegenen Kaderstärke und Finanzkraft „Weltmeister der Talentvergeudung" war, wie Graham Henry mit einer denkwürdigen Formulierung feststellte. Woodward holte Humphrey Walters, den Leiter von MaST International, einem Unternehmen für Lernen und Entwicklung, als Berater ins Boot. Gemeinsam machten sie sich daran, eine grundsätzliche Kulturveränderung herbeizuführen und die Arbeit der Spieler von A bis Z neu zu strukturieren. Konkret hieß das: Von dem Augenblick, in dem die Spieler aus dem Haus gingen, um zum Länderspiel zu fahren, bis zu ihrer Rückkehr sollte alles auf den Prüfstand gestellt, analysiert und auf Werte, Ziel und Strategie des Teams ausgerichtet werden. Es bedeutete eine tiefgreifende und kostspielige Strukturveränderung, die das Personal, die Trainingsstätten, die Beziehung zwischen Team und Arbeitgebern und sogar die Art und Weise, wie das Team zu seinen Spielen anreiste, betraf. „Eine Kanone", so Walters zu Woodward, „kannst du nicht von einem Kanu aus abfeuern." Woodward berichtet (in seinem Buch *Winning*), Walters habe ihm vermittelt, „dass Erfolg damit zu tun hat, wie ein Team zusammenarbeitet, wenn es unter Druck steht. Ob es begreift, wie wichtig Teamwork und Loyalität sind und ob es bereit ist, hundert kleine Dinge einfach nur ein Prozent besser zu machen." Diesen letzten Aspekt nannte Woodward „die entscheidenden Unwichtigkeiten". Ein frisches Trikot nach der ersten Halbzeit, für jedes Spiel denselben Bus, eine ansprechendere Gestaltung der Umkleidekabinen in Twickenham – jede Kleinigkeit trug dazu bei, dass Woodwards Team 2003 die Rugby-WM gewann.

Leader sind Lernende. |

Die britischen Radfahrer nannten es „marginal gains" – minimale Zugewinne. Bei ihrer Vorbereitung auf die Olympischen Spiele im eigenen Land 2012, bei denen sie unglaubliche sieben von zehn möglichen Goldmedaillen holten, zählten dazu Details wie diese:

- Individuell angepasste aerodynamische Helme
- „Hot Pants", die die Wadenmuskulatur zwischen den Rennen warm halten
- Schweißresistente Bekleidung
- Besprühen der Reifen mit Alkohol für mehr Bodenhaftung beim Start
- Hypoallergene Kopfkissen zur Erkältungsprophylaxe

Beim Team Sky ging man so weit, dass Bradley Wiggins auf der 23 Tage dauernden Tour de France sein Bett über mehr als 3500 Kilometer mitbefördern ließ. Seine Schlafstatt begleitete ihn über den Ärmelkanal nach London und weiter nach Lancashire, wo Wiggins daheim eine Ruhepause einlegte. Anschließend ging es samt Bett wieder nach London zu den Olympischen Spielen. Kleinigkeiten können eine große Wirkung entfalten. Und eine Menge Geld kosten. „Hinter diesem Prinzip", erläuterte Brailsford der BBC, „steht folgende Überlegung: Wenn man alles, was auch nur irgendwie mit dem Radfahren zu tun hat, um ein Prozent besser macht, ergibt sich in der Summe eine signifikante Verbesserung." Im Formel-1-Team von McLaren heißt das Stichwort „Zehntel". Das ganze Team ist gemeinschaftlich elektrisiert von dem Gedanken, die Rundenzeit Zehntelsekunde für Zehntelsekunde zu verkürzen. Das machen alle Formel-1-Teams, aber bei McLaren wurde es zu einem zentralen Arbeitsprinzip ausgebaut.

> Minimale Zugewinne: Hundert Kleinigkeiten, die man um ein Prozent besser erledigt, ergeben in der Summe einen Wettbewerbsvorteil.

Der minimale Zugewinn kann technischer, körperlicher, praktischer, operativer und sogar psychologischer Natur sein. In dem Film *An jedem verdammten Sonntag* spricht der von Al Pacino gespielte Footballtrainer Tony D'Amato von „Zentimetern":

> „Ihr werdet feststellen, dass es im Leben auf die Kleinigkeiten ankommt. Genauso beim Football. Denn im Leben wie beim Football ist der Spielraum für Fehler winzig … Wir kämpfen hier um jeden Zentimeter. Für jeden Zentimeter reißen wir uns selbst und jeden, der dazugehört, in Stücke, weil wir wissen: Wenn wir die Zentimeter zusammenzählen, die wir geholt haben, ergibt das am Ende den verdammt wichtigen Unterschied zwischen GEWINNEN und VERLIEREN."

„Wir diskutierten über das Lernklima", sagt Graham Henry, „und sprachen darüber, wie jeder Einzelne Tag für Tag besser werden kann. Denn wenn sich jeder Spieler um mindestens fünf, zehn oder 15 Prozent verbessert, wird auch das Team besser. Das macht sich schon stark bemerkbar."

---

Will sie ein lernförderliches Klima schaffen, muss die Führungsriege einen Schritt zurücktreten und das Team als etwas betrachten, das Ingenieure als „gebundenes System“ bezeichnen – mit festgelegten Parametern, bei denen jeder Input bekannt ist. Natürlich ist es einfacher, die Parameter zu definieren, die eine Elitemannschaft im Sport ausmachen, aber jedes Team muss festlegen, wo es anfängt und wo es aufhört.

„Du bist ein Produkt deines Umfeldes“, sagt Autor W. Clement Stone. „Deshalb musst du dir ein Umfeld suchen, in dem du dich am besten auf dein Ziel hin entwickeln kannst. Stell das Umfeld, in dem du lebst, auf den Prüfstand. Verhilft dir das, was dich umgibt, zum Erfolg – oder hindert es dich am Erfolg?“ Wie sagte schon Muhammad Ali: „Es sind nicht die Berge vor dir, die dich fertigmachen, es ist der Kiesel in deinem Schuh.“ Die All Blacks nahmen ihr Umfeld mit großem Einsatz unter die Lupe und machten sich daran, die Kiesel aus ihren Schuhen zu entfernen.

Wer Ja zu Spitzenleistungen sagt, muss erst einmal Nein sagen. „Man muss sich zum Beispiel die Rituale genauer anschauen“, sagt Gilbert Enoka. „Wir haben einige gestrichen. Beibehalten haben wir die, die zur Weiterentwicklung der *legacy* beitragen. Die Kunst besteht darin, zu erkennen, was man aufgeben sollte.“ „Viele meinen, fokussieren hieße, Ja zu sagen zu den Ideen, auf die man sich fokussieren will“, sagte Apple-Gründer Steve Jobs gegenüber dem Autor Walter Isaacson. „Aber das heißt es überhaupt nicht. Es heißt, Nein zu sagen zu den hundert anderen guten Ideen, die es noch gibt. Man muss sorgfältig auswählen.“

Humphrey Walters verglich das, was Woodward mit der englischen Rugby-Nationalmannschaft praktizierte, mit einem Großreinemachen: Man räumt das komplette Mobiliar aus dem Haus – Stühle, Tische, Betten, sämtliches Inventar und alles, was sich in den Schubladen angesammelt hat – und räumt nur das zurück ins Haus, was nützlich und sinnvoll ist. Das gilt für das physische Inventar genauso wie für das psychologische. Computerprogrammierer kennen die Phrase „Garbage In/ Garbage Out“ (zu Deutsch: Wo man Müll reinsteckt, kommt auch nur Müll raus). In Analogie betrifft das

- die verbale, nonverbale und gestische Sprache, die wir in unsere Köpfe hineinlassen

- Giftstoffe wie Alkohol, Drogen oder Zucker, die wir in unsere Körper (und in unseren Geist) hineinlassen
- die Menschen, denen wir erlauben, einen Platz in unserem Leben einzunehmen

Aus der Psychologie kennen wir das Stimulus-Response-Modell. Ob es um den Einfluss geht, den bestimmte Menschen auf uns haben, oder um die Wirkung bestimmter Substanzen auf unseren Stoffwechsel – wir müssen darauf achten, was wir zu uns nehmen beziehungsweise was wir aufnehmen, da es bestimmte Reaktionen bei uns hervorruft. Um bei der Metapher mit dem Haus zu bleiben: Wir müssen genau überlegen, welche Möbel wieder zurück ins Haus sollen. Die Qualität dessen, was in unser „geschlossenes System" eindringen und zum Reiz werden darf, ist von entscheidender Bedeutung für ein effizientes lernförderliches Umfeld.

Die All Blacks sind bekanntermaßen besonnen, wenn es darum geht, unerwünschte Einflüsse auszuschließen. Zugleich sind sie neugierig und aufgeschlossen bei der Suche nach Anreizen, Wissen und Erkenntnissen anderer Menschen und Organisationen. Die Trainer Henry, Smith und Hansen schauten sich bei anderen Mannschaften um, unter anderen bei den New York Giants, den Sydney Swans und bei Melbourne Storm, um deren Kultur, Standards und Systeme kennenzulernen. Das Mantra der All Blacks – „No Dickheads" (frei übersetzt heißt das so viel wie „Schwachköpfe unerwünscht") – wurde schamlos von den Sydney Swans geklaut. Gedrängetrainer Mike Cron ist auch eine Art Student der Sportwissenschaft: „Mein Vertrag gibt mir die Möglichkeit, zu Fortbildungszwecken an jeden beliebigen Ort der Welt zu fahren", sagte er gegenüber der *Samoa Times*. „Ich habe in Japan einen Sumo-Stall und ein Judo-Trainingslager besucht, war in New York bei den NY Knicks, Yankees und Giants und im NFL-Trainingslager in Florida, um mir Anregungen zu holen."

Das Team holte einen Augentrainer ins Boot, der den Spielern zeigte, wie sie ihre Raumwahrnehmung verbessern konnten. Psychiater und Karate-Schwarzgurte arbeiteten mit den All Blacks gegen deren Schwäche an, bei WM-Turnieren dem Druck nicht standzuhalten und in sich zusammenzufallen. Enoka sorgte auch dafür, dass Derek Lardelli, seines Zeichens Maori-Künstler und *Kapa-Haka*-Berühmtheit, dem Team half, sich wieder mit seiner Identität zu verbinden, und der einen neuen Haka – *Kapo O Panga* – kreierte, der das Selbstgefühl der Mannschaft zum Ausdruck bringt. Wie alle guten Lehrer sind die Trainer der All Blacks ihrerseits auch Schüler. Dabei erweitern sie aber nicht nur ihr Rugby-Wissen, sondern auch ihr Wissen über die Natur des Menschen. Wie alle guten Lehrer lernen sie gern.

---

Im Vorfeld der Rugby-Weltmeisterschaft gewannen die Trainer einen gewissen Jock Hobbs dafür, zur Mannschaft zu sprechen. „Ein großartiger Mann", sagt Graham Henry, „aber die Situation war traurig." Hobbs war früher Kapitän der All Blacks gewesen und anschließend Präsident des neuseeländischen Rugbyverbandes. Dann wurde er krank und musste das Amt aufgeben. Er hatte Leukämie und verstarb später. Er sprach vor der Mannschaft über die Inspiration, die von ihr auf das ganze Land ausgehe. Er sprach auch über seine persönlichen Herausforderungen und darüber, was die mit denen der Mannschaft zu tun hatten. „Stehe morgens auf und sei so gut, wie du nur sein kannst", sagte er. „Sei der Beste auf der Welt. Hol in jeder Sekunde jeder einzelnen Minute der sieben Spiele, die du bestreitest, alles aus dir heraus. Das ist alles, was du tun kannst. Jungs, lasst die Musik in euch nie verstummen."

Führende sind Lehrende.

Ebenfalls als Redner geladen wurde ein Mann namens Willie Apiata, der mit dem Viktoriakreuz ausgezeichnet worden war, der höchsten britischen Auszeichnung für besondere Tapferkeit. Im Würdigungstext zur Verleihung dieser Auszeichnung ist beschrieben, was er in einem entlegenen Tal in Afghanistan leistete:

> „Ohne auf seine eigene Sicherheit Rücksicht zu nehmen, stand Unteroffizier Apiata auf und hob seinen Kameraden hoch. Dann schleppte er ihn über eine Entfernung von 70 Metern über unebenes, steiniges und brennendes Gelände, das unter feindlichem Beschuss stand. Nachdem er seinen verwundeten

Kameraden in relative Sicherheit gebracht hatte, nahm er wieder seine Waffe zur Hand und wirkte am Gegenangriff mit."

Seine Botschaft an die Spieler war eindeutig: Entscheidend ist, dass man für das Team spielt und sich aufeinander verlässt – „sonst bist du ein toter Mann". „Am Ende", erzählt Graham Henry, „standen die All Blacks auf und feierten Willie mit stehenden Ovationen, und Willie applaudierte den All Blacks. Beide Seiten hatten höchsten Respekt voreinander."

> Erfolgreiche Leader schauen über den Tellerrand hinaus, um neue Ansätze zu entdecken, Verfahren zu erlernen und den eigenen Vorsprung auszubauen. Dann geben sie das, was sie gelernt haben, an andere weiter.

„Die Umgebung, in der die Menschen leben", schrieb im 19. Jahrhundert die Chemikerin Ellen Swallow Richards, „ist die Umgebung, in der sie zu leben lernen und die sie zu achten und zu erhalten lernen." In einem lernorientierten Umfeld stellen sich, wie Bill Walsh sagt, die gewünschten Ergebnisse automatisch ein. Führende sind Lehrende – wir haben die Aufgabe, den Lernenden über Verunsicherung und Desorientierung hinwegzuhelfen und sie zu Selbsterkenntnis und Gelassenheit zu führen. „Die Fähigkeit, den Menschen um mich herum dabei zu helfen, ihre Ziele selbst zu verwirklichen", sagt Walsh, „ist von entscheidender Bedeutung für alles, was ich tue, und auch für die Bezeichnung, die ich am meisten schätze – Lehrer." Manchmal reicht eine Begegnung – ein Lehrer – aus, um ein Leben und in der Folge viele weitere Leben zu verändern.

---

Sean Fitzpatricks Lehrer hieß Guy Davis. Er trainierte Fitzpatricks eher niederklassige Rubgymannschaft und hat, wie Fitzpatrick in seinem Buch *Winning Matters* schreibt, das Leben des jungen Spielers für immer verändert. Davis schrieb dem zukünftigen Kapitän der All Blacks ins Stammbuch: Es spielt keine Rolle, welches Talent wir mit auf den Weg bekommen haben, wie groß wir sind oder wie schnell oder langsam wir rennen. Es kommt darauf an, was wir mit diesem Talent anfangen. Keine Ausreden und keine

Vorbehalte. Alles, was ich will, ist, dass du der Beste wirst, der du überhaupt nur sein kannst. Diese Lektion sollte Fitzpatrick sein ganzes Leben lang begleiten, und er gibt sie an alle weiter, denen er begegnet.

„Von dir bleibt nicht, was in steinerne Denkmäler graviert, sondern was in das Leben anderer eingewebt wurde“, wusste schon der griechische Staatsmann Perikles. Was von dir bleibt, ist das, was du anderen wie ein Lehrer vermittelst.

---

## Schaffe ein lernförderliches Klima

Was den Menschen motiviert, sind Zielbewusstsein, Autonomie und der Wunsch, sein Metier zu beherrschen. Versierte Leader schaffen ein Klima, in dem ihre Mitarbeiter ihre Fähigkeiten entwickeln, ihr Wissen ausbauen und ihren Charakter bilden können. So entstehen ein lernförderliches Umfeld und ein Klima der Neugier, Innovation und ständigen Verbesserung.

Indem Führungsverantwortliche die hundert Dinge ausfindig machen, die man um ein Prozent besser erledigen kann, verschaffen sie sich einen Vorteil, der sich akkumuliert und sich positiv auf die Leistung und die Ergebnisse ihrer Organisation auswirkt.

Um ein effizientes lernförderliches Klima zu erzeugen, zahlt es sich aus, Hinderliches auszusortieren – die Möbel aus dem Haus zu räumen – und Input ins Spiel zu bringen, der Erkenntnisse vermittelt und inspiriert.

# Schaffe ein lernförderliches Klima

Leader sind Lehrende.

*Te tīmatanga o te mātauranga ko te wahangū,*
*te wāhanga tuarua ko te whakarongo.*
Die erste Lernphase: Schweigen. Die zweite: Zuhören.

# VI
# WHĀNAU

*Ā muri kia mau ki te kawau mārō, whanake ake, whanake ake.*
Halte dich an die Speerspitzenformation der Kawau.

NO DICKHEADS –
SCHWACHKÖPFE
UNERWÜNSCHT
Folge der Speerspitze.

## Taranaki, Neuseeland

Ein Schwarm Kawaus – eine Kormoranart – graviert ein zierliches V in den Morgenhimmel. Ein Vogel fliegt an der Spitze, ein anderer löst ihn ab, dann übernimmt wieder ein anderer die Position an der Spitze. Ein endloses, abgestimmtes System, in dem die einzelnen Akteure sich gegenseitig unterstützen und das stark an ein Peloton von Profi-Radrennfahrern erinnert. Vogelkundler wissen: Diese Flugtechnik ist um 70 Prozent effizienter als das Solo-Fliegen. Sobald ein Vogel aus der Formation herausfällt, bekommt er den Windwiderstand zu spüren und fügt sich wieder in den Schwarm ein. Fällt ein Tier zurück, lassen sich andere ebenfalls zurückfallen, bis es wieder fliegen kann. Kein Vogel wird zurückgelassen. Dieses Fliegen in Formation ist das Ergebnis einer außergewöhnlichen Organisationsdynamik – und die perfekte Metapher für den *whānau*-Gedanken der Maori.

*Whānau* bedeutet „geboren werden“ oder „gebären“. Für die Maori bedeutet es die erweiterte Familie: Eltern, Großeltern, Onkel, Tanten, Kinder, Cousins und Cousinen. Im Volksmund hat es eine weitere Bedeutung angenommen und bezeichnet inzwischen die „Familie“, die unsere Freunde bilden: unsere Kollegen, unser Stamm, unser Team. In der Mythologie der Maori wird *whānau* durch eine Speerspitze symbolisiert – ein Bild, das sich seinerseits von der Flugformation der Kormorane ableitet. Eine Speerspitze hat eine Spitze und zwei Ecken – aber damit sie funktioniert, müssen alle Kräfte in die gleiche Richtung wirken. Genau das Gleiche gilt für *whānau*. Damit ein *whānau* funktioniert, muss sich jeder auf den gleichen Punkt zubewegen. Den Weg dorthin kann man frei wählen, aber am wirkungsvollsten ist die Speerspitze, wenn alle zusammenarbeiten.

> Fliegt in Formation. Seid eines Sinnes. Folgt der Speerspitze. Das bedeutet Teamsein, die Essenz jeder erfolgreichen Organisation.

„Wir brauchen Leute, die sich voll reinhängen und die sich auch für ihren Bruder voll reinhängen“, sagt Gilbert Enoka. „Das ist eine ziemlich gute Formel – denn mit ihr erreichst du, dass alle mitziehen.“

„Ein Spitzenteam", sagt Kevin Roberts, Global CEO von Saatchi & Saatchi, „definiert sich dadurch, dass es häufiger im Flow ist als der Gegner." Damit ein gemeinschaftlicher Flow zustande kommt, müssen Organisationen, so Roberts Überzeugung, „eines Sinnes sein". Der legendäre Phil Jackson, der einstige Chefcoach des Basketballteams Chicago Bulls, nennt das „Group Mind" – Gruppensinn. Dieser Gruppensinn war die Grundlage für seine außergewöhnliche Trainerlaufbahn. Als Jackson damals Michael Jordan nach Chicago holte, war Jordan in jeder seiner ersten sechs Spielzeiten der Top-Scorer der Liga gewesen und mit großem Abstand der beste Basketballer in der NBA. Aber einen Titel gewonnen hatte er noch nie.

„Ein herausragender Spieler allein kommt trotz allem nur bis zu einem bestimmten Punkt", schreibt Jackson in seinem Buch *Sacred Hoops*. „Er kann noch so atemberaubende Spielzüge hinlegen – wenn er nicht mit allen anderen auf einer Wellenlänge ist, findet das Team nie zu dem harmonischen Einklang, den man braucht, um eine Meisterschaft zu gewinnen." „Diesen Kampf muss jeder Anführer fechten", meint Jackson. „Wie kann ich Teammitglieder, die vor allem der Wunsch nach individuellem Ruhm antreibt, dazu bringen, sich rückhaltlos in den Dienst der Gruppe zu stellen?" Jackson zitiert in diesem Zusammenhang Rudyard Kipling: „Die Stärke des Rudels ist der Wolf, und die Stärke des Wolfs ist das Rudel." „In einem guten Team gibt es keine Superstars", hat Jackson von seinem Mentor Red Holzman gelernt. „Es gibt großartige Spieler, die ihre Großartigkeit dadurch beweisen, dass sie mit anderen als Team zusammenspielen können. Solche Spieler sind opferbereit und machen das, was gemacht werden muss, damit die Mannschaft gewinnt." Die Erfolge, die Jackson mit seinem Ego-freien Konzept erzielt hat, sprechen für sich. Als Michael Jordan 2003 seine Karriere beendete, hatte er sechs Meisterschaftsringe gewonnen und war in jedem Finale zum wertvollsten Spieler gewählt worden. Weil es gelang, aus seinem Ich ein Wir zu machen, setzte sich sein Ruhm in Trophäen und Medaillen um. Dass er ein überragender Teamplayer war, machte ihn zu einem großen Spieler – zum größten Spieler aller Zeiten.

Die Stärke des Wolfs ist das Rudel.

---

„Das ist das A und O in jedem Team“, erklärt All-Black-Legende Andrew Mehrtens. „Es geht darum, dass man zuerst an die Interessen der Mannschaft denkt, bevor man an sich selbst denkt. Wenn etwas nicht gut für das Team ist, dann sag es nicht und mach es auch nicht.“ „Jeder von uns hat eine bestimmte Rolle auszufüllen“, sagt er. „Und wenn innerhalb der Gruppe gegenseitiger Respekt herrscht, kommt man viel, viel weiter – wenn also zum Beispiel der Goal-Kicker Respekt aufbringt für das Können und die schwierige Aufgabe des Spielers, der den Ball in die Gasse einwirft, oder für den, der das Gedränge auf der rechten Seite zusammenhält.“

---

Wenn, so Owen Eastwood, die ersten Schritte auf dem Weg zu einer Hochleistungskultur darin bestehen:

1. den Charakter zum Auswahlkriterium zu machen
2. die richtige Strategie für die Veränderung zu finden
3. gemeinsam ein Ziel zu formulieren
4. Führungsverantwortung abzugeben und
5. ein lernförderliches Klima schaffen

dann besteht der sechste und wohl wichtigste Schritt darin, die Standards in praktisches Handeln zu übersetzen. Das gelingt am besten, wenn die Teammitglieder sich gegenseitig bestärken. „Respekt ist zunächst ein ziemlich unbestimmter Wert“, weiß Eastwood, „entfaltet aber große Wirkung, wenn die Spieler sich darauf verständigen, dass Respekt zum Beispiel heißt: Bei Besprechungen bleibt das Handy draußen, keiner redet über den anderen, wenn der nicht dabei ist, usw. Wenn Werte nicht mit Inhalt gefüllt werden, ist die Gefahr groß, dass sie zu Worthülsen ohne Bedeutung verkümmern. „Aber“, fügt Eastwood hinzu, „definiert und durchgesetzt werden müssen diese Standards von unten nach oben.“ „Das sind junge Kerle, die sind im Fernsehen, haben jede Menge Geld, nachdem sie vorher nie Geld hatten, die Frauenwelt ist hinter ihnen her“, sagt Anton Oliver, „aber wenn du dich nicht an die Teamkultur hältst, machen die Jungs dir das Leben schwer.“

Die Stärke des Wolfs ist das Rudel.

Früher kannte jeder „die hinterste Sitzreihe im Bus" – die natürliche Rangordnung, die sich in einer All-Blacks-Mannschaft herauskristallisierte, ließ sich ganz einfach an der Sitzordnung im Mannschaftsbus ablesen: die älteren Spieler hinten, die Neulinge ganz vorne. Wer kein All Black war, war kategorisch unerwünscht. Die älteren Mitglieder der Mannschaft setzten die Standards durch, weil es ihre Standards waren. Das zeigten auch die sogenannten „Sunday Court Sessions", die jeden Sonntag anberaumten „Strafprozesse", bei denen die älteren Spieler Bußgelder verhängten, die meistens sofort und in flüssiger Form entrichtet werden mussten. Doch die Zeiten haben sich geändert: Seit das Leitungsteam der All Blacks dazu überging, aktiv die Regeldurchsetzung von Gleich zu Gleich zu fördern, wanderten die Standards schon bald von der hintersten Sitzreihe ins Vorderhirn.

Das hieß zunächst, dass die erfahrenen Spieler die Mentoren der jüngeren wurden. Außerdem gehörte dazu, dass der Mannschaftsrat gemeinschaftlich Entscheidungen traf, zum Beispiel Gemeinschaftsauftritte und Werbegenehmigungen betreffend oder in der Frage, welchen guten Zweck die Mannschaft unterstützen sollte. Dem Mannschaftsrat wurde auch die Aufgabe überlassen (und anvertraut), interne Probleme im Team zu lösen. Besonders heftig kamen diese Regularien bei der Rugby-WM zum Tragen, nachdem die beiden All Blacks Cory Jane und Israel Dagg beschlossen hatten, sich einen tollen Abend in einer Bar in Takapuna zu gönnen. Als am nächsten Tag die Radiokommentatoren lautstark ihren Skalp forderten, musste das bedröppelte Duo vor den sieben ältesten Spielern antreten und sich erklären. Für junge Männer in der Blüte ihres Lebens und im Turnier ihrer Träume dürfte das eine peinliche und demütigende Erfahrung gewesen sein. Später baten sie das Team öffentlich um Entschuldigung, und damit war der Fall erledigt. Bob Howitt schreibt:

> „Das ist ein Paradebeispiel für die duale Führungsstruktur in der Mannschaft: Eine Standpauke von einem grantigen Teammanager hätte auf die beiden Spieler nicht halb so viel Eindruck gemacht wie die Erfahrung, sich vor Ihresgleichen verantworten zu müssen.

Junge Männer hassen es, ihre Kameraden und Teamkollegen vor dem Spiel, im Spiel oder nach dem Spiel zu enttäuschen."

Beide Spieler blieben übrigens im Kader und spielten eine tragende Rolle beim Halbfinalsieg gegen Australien.

---

„Damit alle an einem Strang ziehen", sagt Andrew Mehrtens, „brauchst du starke Bindungen in der Mannschaft. Wenn diese Bindungen schwach sind, werden einige in abweichende Richtungen abdriften, und damit ist niemandem gedient." Deshalb erfand Wayne Smith den „Rugby Club". „Die All Blacks", erklärt er, „sind der privilegierteste Verein in der ganzen Welt. Wer zu diesem ausgesprochen exklusiven Club dazugehören will, muss sich das verdienen. ... Mit dem Rugby Club schufen wir eine Möglichkeit für die Spieler, über die Vergangenheit zu sprechen – und stolz darauf zu sein, wo sie herkommen und wer sie sind."

> Teamsein beginnt innen. Hohe Maßstäbe müssen von innen kommen. Führung funktioniert am besten, wenn das Team sie selbst übernimmt.

Smith schlug dem Mannschaftsrat vor, sich regelmäßig zu einem geselligen Abend zu treffen, bei dem die Spieler ihre Vereinstrikots tragen, „ganz entspannt etwas trinken" und die Atmosphäre wieder aufleben lassen, die ganz früher in ihnen den Wunsch weckte, Sportler zu werden. Das Ganze wurde ein Riesenerfolg. Es ging sehr vergnüglich zu, und die Spieler konnten etwas Druck aus dem Kessel lassen. „Damit man zusammenarbeiten kann, braucht es vor allem Kommunikation", sagt Smith. „Dafür ist es hilfreich, wenn ein Team sich auch privat gut versteht, die Teammitglieder gern Zeit miteinander verbringen, miteinander reden und ehrlich miteinander umgehen können. Das ist unheimlich wichtig." „Wir sprachen darüber, wie man mit Erwartungsdruck und sonstigen Belastungen umgeht", sagt Graham Henry. „Wir sprachen auch darüber, dass Leader ihre Führungsrolle wahrnehmen müssen und dass auch die Spieler führen sollen. Wir sprachen über die *legacy* und darüber, was sie bedeutet. Ebenso wichtig waren aber auch die zwischenmenschlichen Bindungen – und je tragfähiger diese Bindungen waren, umso belastbarer, stärker und besser waren wir."

Die Stärke des Wolfs ist das Rudel.

Der Rugby Club half nicht nur, die Bindungen zwischen den Teammitgliedern zu festigen, sondern stellte auch wieder eine Bindung der Spieler an ihre eigene Geschichte und an ihre Wurzeln her – an ihr *whānau*. Die Rugby-Shirts ihrer früheren Vereine erinnerten sie daran, woher sie kamen und was sie sich seither erarbeitet hatten und dass es gut ist, mit beiden Füßen auf dem Boden zu bleiben.

> Niemand ist wichtiger als die Mannschaft, und individueller Glanz führt nicht automatisch zu glanzvollen Ergebnissen. Eine Person mit Ego-Mentalität kann eine ganze Kultur des Miteinanders vergiften.

Solche Abende sind also eine gute Möglichkeit, Bodenhaftung zu behalten und dem Ziel der Mannschaft eine Dimension von persönlichem Sinn zu geben. Außerdem sind sie ein guter Anlass, Spaß zu haben. „Die Spieler stehen ja mächtig unter Druck, den Ruhm des Trikots zu mehren und es an einem besseren Ort wieder abzugeben. Solche positiven Erlebnisse machen es einfacher, dieses Ziel zu erreichen", sagt Smith. Spaß mit einem ernsthaften Ziel also. Mit dem Ziel, zu gewinnen.

Die Stärke des Wolfs ist das Rudel.

---

Mit dieser Art von Bindungsarbeit bildet man soziales Kapital – also jenen immateriellen Vorteil der Geschlossenheit und Kooperationsbereitschaft, den man Vertrauen nennt. Zudem kommt sie der kollektiven Intelligenz zugute, denn mehrere Köpfe sind klüger als nur ein Kopf. Es genügt allerdings ein Mensch, um dieses Wir-Gefühl zu gefährden.

Ein altes arabisches Sprichwort sagt:

Besser tausend Feinde außerhalb des Zeltes als einen im Zelt.

Einen ähnlichen Spruch gibt es auch bei den Maori:

*He iti wai kōwhao waka e tahuri te waka.*
Wenig Wasser, das durch ein kleines Loch tropft, kann ein Kanu zum Kentern bringen.

Die All Blacks indes halten sich strikt an eine Maxime, die sie sich von den Sydney Swans geborgt haben:

*No Dickheads.*
Schwachköpfe unerwünscht.

---

„No Dickheads" ist das Gegenmittel zur undichten Stelle im Boot, zum Feind im eigenen Zelt. Die Maxime hat Auswirkungen auf die Kaderauswahl: Einige der beliebtesten Spieler in Neuseeland haben nie den Sprung zu den All Blacks geschafft, weil sie als „Dickheads" gelten; andere haben den Sprung zwar einmal geschafft, wurden aber kein zweites Mal eingeladen. Die wirkungsvolle und effektive Philosophie trägt mit dazu bei, ein außergewöhnlich gutes Klima zu bewahren. Ein Frustrierter oder ein Egoist kann die ganze Gruppe vergiften. Wenn man ihn aussortiert, erholt sich die Gruppe wieder und findet zu ihrem Zusammenhalt zurück.

*No Dickheads.*

Hohe Standards – und die Mittel, diese Standards von Gleich zu Gleich durchzusetzen – sind ein erfolgsentscheidender Baustein jeder erfolgreichen Teamkultur. Alle Trainer, die in diesem Buch bislang erwähnt wurden – Bill Walsh, Vince Lombardi, John Wooden, Phil Jackson und Clive Woodward –, haben bei Antritt ihres Trainerjobs einen Katalog von hohen, nicht verhandelbaren Standards eingeführt. Mit diesen Standards haben sie klargemacht, was erwartet wird, und Ethos und Kultur der Mannschaft festgelegt. Zwischen der Philosophie all dieser Trainer und der Philosophie der All Blacks gibt es sehr viele Überschneidungen. Vince Lombardi sagte: „Wenn du eine Führungsaufgabe hast, stehst du 24 Stunden am Tag unter Beobachtung." Die All Blacks sagen: „Ein All Black bist du rund um die Uhr, sieben Tage die Woche."

Bill Walsh führte eine „Agenda mit konkreten Verhaltensnormen – Handlungen und Haltungen“ ein, die „für jeden galt, der auf unserer Gehaltsliste stand“. Die All Blacks sagen: „Bessere Menschen bedeuten bessere All Blacks.“ Phil Jackson wollte „eine Struktur, die nicht nur den Stars, sondern jedem im Team hilft, als Person zu wachsen, indem sie sich in den Dienst der Mannschaft stellt“. Die All Blacks haben eine duale Führungsstruktur. John Wooden sagte, ein Spieler, der einer Mannschaft zu wahrer Größe verhilft, sei besser als ein großartiger Einzelspieler. Die All Blacks sagen: „Niemand ist wichtiger als die Mannschaft.“

In seinem Buch *Good to Great* plädiert Jim Collins dafür, dem Wer einen höheren Stellenwert zu geben als dem Was und das Wir über das Ich zu stellen und zitiert Ken Kesey nach *The Electric Kool-Aid Acid Test*: „Entweder man ist im Bus, oder man ist nicht im Bus.“ Bei seinen Recherchen stellte Collins fest, dass „Leader, denen der Sprung von Gut zu Überragend gelungen ist, zuerst die richtigen Leute in den Bus einsteigen (und die Leute, die sie nicht brauchen können, aussteigen) ließen und dann überlegten, wohin sie den Bus steuern sollten“. Wenn auch indirekt, sagt Collins, dass man dafür nicht skrupellos, sondern lediglich sehr klar sein muss, nach dem Motto „Wenn man darauf besteht, nur das Beste zu bekommen, bekommt man auch meistens das Beste“. Die All Blacks sind beides, klar und skrupellos; sie bestehen auf dem Besten vom Besten und bekommen es ganz offensichtlich.

In diesem Sinne sagte der derzeitige Coach Steve Hansen: „Steck deine Hand in ein Glas Wasser. Dann zieh sie wieder raus und du siehst, wie schwer du zu ersetzen bist.“

Die Stärke des Wolfs ist das Rudel.

---

## No Dickheads

*Whānau* ist deine Familie, deine Kollegen, dein Team, deine Organisation. Damit *whānau* vorankommt, müssen sich alle, die dazugehören, in die gleiche Richtung bewegen. Das ist der Wesenskern eines jeden Teams – sich füreinander alles abverlangen, in Harmonie, ohne Unstimmigkeiten, und das eigene Ego hinter die gemeinsame Sache zurückstellen. Das heißt auch, dass man die Personen, die dazugehören, sorgfältig auswählt – Schwachköpfe unerwünscht – und die Verbundenheit, das Vertrauen und die Zusammenarbeit zwischen allen Organisationsebenen fördert. So erreicht man, dass die Menschen füreinander arbeiten statt für ihren individuellen Ruhm.

Bei den All Blacks spielen hohe Standards eine fundamentale Rolle und werden von den Spielern in Eigenregie durchgesetzt, denen man diese Aufgabe eben auch zutraut. Der Erfolg ist das Ergebnis der Bindung zwischen den Mitgliedern der Mannschaft und deren gemeinschaftlichem Charakter, was übrigens auf alle erfolgreichen Organisationen zutrifft. Herausragende Leader stellen sich vor ihre Leute, fördern die Verbundenheit, Zusammenarbeit und gemeinschaftliche Eigenverantwortung und sorgen für ein sicheres Umfeld, das von Vertrauen, Respekt und Familiengeist getragen ist.

# No Dickheads

Folge der Speerspitze.

*Kia urupūā tātou; kaua e taukumekume.*
Lasst uns einig sein und nicht an entgegengesetzten Enden des Stranges ziehen.

# VII
# ERWARTUNGEN

*Ko taku reo taku ohooho, ko taku reo taku māpihi mauria.*
Meine Sprache ist mein Erwachen, meine Sprache ist das Fenster zu meiner Seele.

NIMM
ERWARTUNGEN AN
Wähle die höchste
Wolke als Ziel.

Sean Fitzpatrick erzählt, wie er zu Beginn seiner Laufbahn alles daransetzte, einen Platz im Team von Auckland zu bekommen. Das Problem war: Seine Einwürfe in die Gasse waren einfach nicht gut. Andy Haden, Zweite-Reihe-Stürmer bei Auckland und bei den All Blacks, entging das nicht. „Er gab mir mehr oder weniger zu verstehen, dass ich mich besser verziehen sollte“, erzählt Fitzpatrick. „Zum Glück bin ich damit gut umgegangen. Ich zog von dannen und lernte, wie man den Ball richtig einwirft. Trotzdem war das eine bittere Lektion. Ich musste noch mal zwei Jahre warten, bis ich für Auckland spielen durfte.“

---

Eine andere Geschichte. 1993 traten die All Blacks in Wellington gegen die British Lions an. Trotz eines nur knappen Sieges im Test davor gingen die All Blacks als klare Favoriten ins Spiel. Hinterher trotteten sie gedemütigt vom Feld. Der Endstand: 20 zu 7 für die Lions. Mit dem dritten und letzten Test Match vor der Brust standen die All Blacks am Abgrund – zum ersten Mal seit 1949 drohte die Schmach, zwei Spiele hintereinander zu verlieren. Die Presse fiel über die Mannschaft her. Auch All-Blacks-Coach Laurie Mains war außer sich. Robin McConnell zitiert ihn in seinem Buch *Inside The All Blacks*: „Ich habe nie etwas Demütigenderes mitansehen müssen als das: Die Briten führen die All Blacks vor. ... Ein Test Match verlieren! Das ist absolut inakzeptabel. Jedenfalls für mich. ... Wir brauchen Mumm, wir brauchen die Zähigkeit und Leidenschaft, die uns Kiwis auszeichnet. Und vor allem: Ihr seid All Blacks. Lasst euch etwas einfallen.“

Kapitän Fitzpatrick sagte nach dem Spiel, noch in der Kabine, zu seinen Spielern: „Merkt euch, wie es euch jetzt gerade geht – und sorgt dafür, dass ihr euch nie wieder so fühlt wie in diesem Moment.“ „Als All Black“, so sagte er auf einer Tagung des London Business Forum, „gibt man dir unmissverständlich zu verstehen, dass du dir deine Niederlagen besser merken sollst als deine Siege.“ Für Fitzpatrick war die Lektion in Sachen Niederlage eine besonders harte Sache. Er hatte mehr Straftritte verursacht als alle seine Mitspieler zusammen. Ehemalige All Blacks forderten ihn zum Rücktritt auf. Doch er trat nicht zurück und wandelte die schmerzhafte Erfahrung in Motivation um. Das nächste Test Match in Auckland gewannen die Mannschaft mit 27 zu 3. Eine weitere Niederlage hätte einfach zu wehgetan.

„Du hast Angst, es nicht zu packen“, sagt Fitzpatrick. „Und wozu führt diese Angst? Sie führt dazu, dass du dich richtig vorbereitest. Und in der Wirtschaft wie im Sport gehen die Teams, die sich richtig vorbereiten, in der Regel als Sieger vom Platz.“ „Das Wort ‚Versagensangst‘ verschreckt die Menschen“, fährt er fort, „weil sie denken, dass es ihre Leistungsfähigkeit hemmt. Aber wenn man ehrlich zu sich selbst ist, muss man zugeben: Wenn man diese Angst als motivierende Kraft nutzt, sich gut vorbereitet und nicht erst in der Nacht vor dem Spiel, versagt man eben nicht. Im Unternehmen gehen auch immer die Präsentationen schief, bei denen die Leute nachts um 3 noch wach waren und an der Vorbereitung saßen.“

„Eine heftige Abneigung gegen das Nicht-gut-genug-Sein ist sehr gesund“, sagt Andrew Mehrtens. „Ich würde alles tun, um zu gewinnen – außer schummeln natürlich. Ich habe es immer absolut gehasst, zu verlieren.“

„Vor allem muss man sich klarmachen“, sagt Fitzpatrick seinen Zuhörern, „dass zwischen der Angst vor einem schlechten Feedback oder der Angst vor dem Scheitern auf der einen Seite und der Entscheidung, diese Angst positiv zu nutzen, auf der anderen Seite Welten liegen.“ Nimm Erwartungen an.

---

In seinem Buch *Thinking, Fast and Slow* schreibt Nobelpreisträger Daniel Kahneman über den Nutzen der Versagensangst für das, was er „Verlustaversion“ nennt. Er stützt sich auf Forschungen, die Devon Pope und Maurice Schweitzer an der University of Pennsylvania durchführten, und setzt sich mit der „relativen Stärke zweier Motive“ in der Statistik von Profi-Golfern auseinander: „Ganz egal, ob der Ball leicht oder schwer zu putten und wie groß die Entfernung zum Loch war – die Spieler waren erfolgreicher, wenn sie auf Par spielten und keinen Birdie versuchten.“ Der Unterschied zwischen den Erfolgsquoten betrug 3,6 Prozent. Offenbar spielen wir nicht, um zu gewinnen, sondern um nicht zu verlieren.

„Die All Blacks haben mit ihrer Art, Rugby zu spielen, eine solche Erfolgsgeschichte geschrieben, dass ganz Neuseeland erwartet, dass wir jedes Test Match gewinnen“, sagt Graham Henry. „Ich finde, dass das für die Mannschaft gut ist. Wenn es diese Erwartungshaltung nicht gäbe, würden wir mit Sicherheit nicht das Niveau erreichen, das wir erreichen." Die All Blacks stehen von drei Seiten unter Druck: Hier die Erwartungen einer ganzen Nation, dort die Erwartungen der Teamkollegen und Trainer und dann noch die hohen Erwartungen der Spieler an sich selbst. Das alles summiert sich zu einer einzigen geballten Verlustaversion, die die Spieler antreibt, im Spiel noch mehr aus sich herauszuholen, und sie zum Erfolg führt. „Bei uns gibt es diesen Spruch", sagt Fitzpatrick: „Du sollst kein guter All Black sein. Du sollst ein überragender All Black sein. Gib dich nicht damit zufrieden, dass du deine Ziele erreichst. Wolle höher hinaus." In diesem Sinne sagte Jonah Lomu einmal zu Kevin Roberts: „Wir hassen es, gegen uns selbst zu verlieren." Nimm Erwartungen an.

Dieser innere Maßstab macht den Unterschied zwischen Gut und Überragend aus. „Wenn ich spiele, verlange ich in jedem Augenblick von mir selbst, der beste Basketballer zu sein", erklärte Michael Jordan auf MVP.com. Tony Cozier erzählte in einem Gespräch mit Sam Sheringham von der BBC, dass Tino Best, der Fast-Bowler im Cricket-Team der Westindischen Inseln, schon auf seinem Anrufbeantworter vormache, wie es geht: „Hier ist Tino Best, der schnellste Werfer der Welt. Ich kann Ihren Anruf im Augenblick nicht entgegennehmen, aber ich rufe Sie zurück, sobald ich für heute genug trainiert habe, um noch schneller zu werden." Ein ähnlicher Geist herrscht auch in der Kunstflugstaffel der Royal Air Force. Der ehemalige Red-Arrows-Pilot Justin Hughes berichtet: „Bei den Red Arrows legt man einen hohen Maßstab an. Die Besprechungen nach dem Flug sind ganz schön brutal. Nicht in dem Sinn, dass es dabei aggressiv zugeht, sondern in dem Sinn, dass das Team sich mit seinen Standards an viel höheren Maßstäben orientiert als denen, die von außen an uns angelegt werden. Die Meinung der Öffentlichkeit ist für uns nicht der Maßstab – unsere Messlatte liegt viel, viel höher."

Für sein Buch *The Real McCaw* erzählte der All-Blacks-Kapitän Greg McGee von seiner Kindheit, die er am Ende der Welt verbracht hat – im hintersten Winkel des Waitaki-Tals am Hakataramea River. Dabei berichtete er von einem Gespräch, das er mit seinem Onkel Bigsy geführt und das sein Leben verändert habe. „Willst du mal ein All Black werden?", fragte ihn sein Onkel. „Na klar." Onkel und Neffe machten also einen Plan, wie sich dieser Wunsch verwirklichen ließe. Sie schrieben eine Abfolge von Zielen auf: die U-21-Mannschaft von Canterbury, das Provinzliga-Team von Canterbury – und 2004 die All Blacks. „Du willst ja nicht einfach nur ein All Black werden", sagte Onkel Bigsy zu seinem Neffen McCaw, „sondern du willst ein *Great All Black* werden." Ein überragender All Black. „Unterschreib", sagte er und zeigte auf die Liste mit den Etappenzielen. „Unterschreib mit *Great All Black*." McCaw kritzelte etwas schüchtern ein „G. A. B." unter die Liste und versteckte den Zettel in seinem Zimmer.

Als die Farm in Hakataramea verkauft wurde, kehrte McCaw noch einmal dorthin zurück, um sein Zimmer zu räumen, und fand dabei den Zettel hinten im Kleiderschrank. Ihm wurde klar, dass er alle Ziele erreicht hatte, die auf dem Zettel standen, und sogar noch drei Jahre eher ein All Black geworden war als geplant. Trotzdem war nicht alles in bester Ordnung. Die All Blacks hatten soeben im Viertelfinale der Rugby-WM gegen Frankreich verloren. McCaws *legacy* und sein Platz in der Mannschaft waren gefährdet. Er hatte sein Ziel noch nicht erreicht. „Was würde ein G. A. B. jetzt machen?", fragte er sich selbst.

> **Erfolgreiche Leader haben hohe innere Maßstäbe. Sie setzen ihre Erwartungen hoch an und versuchen dann, sie noch zu übertreffen.**

---

Muhammad Ali nannte sich selbst den Größten, lange bevor das sachlich gerechtfertigt war. „Es ist die wiederholte Behauptung, die schließlich zur Überzeugung führt", sagte er. „Und sobald aus dieser Überzeugung tiefe Gewissheit geworden ist, geschieht das, was man vorher immer nur behauptet hat." Daniel Kahneman betont, dass diese Behauptungen nicht einmal stimmen müssen: „Sofern sie nicht sofort als Lüge zurückgewiesen wird, hat eine Botschaft unabhängig davon, ob sie zutrifft oder nicht, die gleiche Wirkung im Assoziationskortex. Ob die Geschichte wahr ist oder wenigstens glaubhaft, spielt eine geringe oder gar keine Rolle." Selbst wenn man unrealistische Erwartungen an sich selbst stellt, sei „die Versagensaversion gegen den Gedanken, das Ziel nicht zu erreichen, (noch) viel stärker als der Wunsch, dieses Ziel zu erreichen." Es scheint, dass auch in den nobelpreisgekrönten Wirtschaftswissenschaften die Klischees zutreffen:

- Was du begreifen und glauben kannst, kannst du auch erreichen.
- Erst visualisieren, dann umsetzen.
- Täusch es vor, bis du es schaffst: „Fake it until you make it."

Die Geschichte, die wir über unser Leben erzählen, wird tatsächlich zur Geschichte unseres Lebens. Was wir unserem Team, unserem Unternehmen, unserer Marke oder Organisation oder der Familie über uns erzählen, werden die anderen früher oder später über uns erzählen. Diese verinnerlichte Erzählung nennt man landläufig „self-fulfilling prophecy", eine selbsterfüllende Prophezeiung. Erstmals auf den Begriff gebracht wurde sie 1949 von Robert K. Merton als „eine zu Beginn falsche Definition der Situation, die ein neues Verhalten hervorruft, das die ursprünglich falsche Sichtweise richtig werden lässt". Heutzutage wird der Begriff häufig als Warnung verwendet, um zu verhindern, dass etwas Ungutes herbeigeredet wird. Aber auch das Gegenteil – wie McCaw beweist – trifft zu: Sag, dass du eines Tages ein G. A. B. sein wirst, und du wirst vielleicht wirklich ein G. A. B. werden. Kahneman erklärt den Effekt mit zwei psychologischen Phänomenen, die miteinander zusammenhängen: Anchoring und Priming – Ankereffekt und Bahnungseffekt.

Anchoring – Den Ankereffekt versteht sofort, wer sich die Tricks anschaut, mit denen Supermärkte und Straßenverkäufer in aller Welt arbeiten. „Regulärer Preis 20 Euro!", ruft der gewiefte Händler. „Sie bekommen es von mir heute für fünf Euro. Ein echtes Schnäppchen!" Die Ankerinformation – regulärer Preis 20 Euro, Schnäppchen – lässt das Angebot sehr niedrig erscheinen.

Priming – Der Bahnungseffekt ist vielleicht ein wenig verblüffender. 1996 untersuchte John Bargh, Sozialpsychologe an der New York University, eine reflexartige Reaktion, bei der das Handeln unbewusst dem Denken folgt. In einem berühmt gewordenen Experiment händigte er Probanden Karteikarten aus, auf denen jeweils ein Wort stand, und bat sie, daraus einfache Sätze zu bilden. Bei der Experimentalgruppe waren Wörter darunter, die sich mit Alter assoziieren lassen: Glatze. Falten. Grau. Arthritis. Florida. Vergesslich. Bei der Kontrollgruppe nicht. Nachdem die Gruppen ihre Arbeit abgeschlossen hatten, sollten die Versuchspersonen einen Flur entlanggehen und sich aus einer Liste austragen. Erst in diesem Moment begann das eigentliche Experiment. Es wurde gemessen, wie schnell sie gingen – und dabei wurde etwas Bemerkenswertes festgestellt: Die Probanden aus der Experimentalgruppe gingen langsamer! Sie. Gingen. Langsamer.

Die Suggestion von Alter – in diesem Fall nicht mehr als eine vage und auch nur unbewusst verarbeitete Andeutung – rief eine reflexartige Reaktion hervor, die dazu führte, dass die betreffenden Teilnehmer das körperliche Verhalten eines älteren Menschen an den Tag legten. Die Ergebnisse des Experiments werden nach wie vor kontrovers diskutiert, aber der sogenannte Florida-Effekt zeigt, dass unser „freier Wille" vielleicht weder frei noch in jedem Fall willentlich ist, sondern vielmehr eine Reaktion auf Reize aus unserer Umgebung, auf unser physisches und psychologisches Umfeld, auf die Art und Weise, wie unsere Welt durch Sprache postuliert wird. Unser Wille ist die Reaktion auf eine Geschichte.

In seinem Buch *The Songlines* erkundet Bruce Chatwin den Glauben der australischen Ureinwohner, dass die jungen Männer auf Wanderschaft – bei ihren *walkabouts* – mit den Wörtern ihrer Gesänge „die Welt ins Dasein singen". Wenn sie auf ihren *songlines*, den Traumpfaden, durchs Land wandern, singen die Eingeweihten die Stammeslieder, die sie auf dem Schoß ihrer Mutter gelernt haben, und andere, eher sakrale Gesänge, die ihnen ihre Väter beim *corroboree* beigebracht haben. Mit den Wörtern, die sie singen, werden Bilder heraufbeschworen, neue urtümliche Landschaften erscheinen vor ihrem inneren Auge: Der Traum wird Wirklichkeit, das Wort wird Welt.

Chatwin verweist auch darauf, dass die alten Ägypter glaubten, die Zunge sei der Sitz der Seele und eine Art Paddel oder Steuerruder, mit dem ein Mensch seinen Weg durch die Welt steuert. Von der Theologie des Altertums bis zur modernen Psychologie gibt es die Auffassung, dass unsere Worte unsere Geschichte formen und diese Geschichte den Rahmen für unser Verhalten vorgibt – und unser Verhalten entscheidet darüber, wie wir unser Leben leben und unsere Organisationen führen.

Richie McCaw berichtete Greg McGee, dass er schon immer ein Journal führt. Dieses Journal ist ein Arbeitsdokument, eine Sammlung von Selbstvergewisserungen, Mantras, Vermerken, Erinnerungen, Ermahnungen, Erwartungen und Wörtern mit Anker- und Bahnungseffekt.

„Ich muss positiv denken und bei dem, was wir gerade machen, weiter an die Jungs glauben."

„Körperlichkeit ist entscheidend."

„Mit einer positiven Einstellung an das nächste Spiel herangehen."

An Spieltagen lauten die ersten Wörter in McCaws Journal immer gleich: „Alles auf Anfang". Eine Mahnung, dass man sich immer wieder von Neuem im Jetzt und Hier beweisen muss. McCaw muss es aufschreiben, damit es für ihn Realität ist.

---

Eigentlich sind es gar nicht wir, die die Geschichten erzählen, sondern eher sind es die Geschichten, die uns erzählen. Die Geschichten geben unserem Leben einen Rahmen und eine Struktur und werden so zum Prisma, durch das wir die Welt wahrnehmen und unser Leben führen. Ira Glass, Moderator der US-amerikanischen Radiosendung *This American Life*, bringt es auf den Punkt: „Tolle Geschichten widerfahren denen, die sie erzählen." Und umgekehrt. Das trifft auf Personen ebenso zu wie auf Organisationen. Dr. Pamela Rutledge, Direktorin des US-amerikanischen Forschungszentrums für Medienpsychologie (MPRC), sagt:

> „Wir denken in Geschichten. Mit Geschichten geben wir unserem Leben einen Sinn. Man kann sie Schemata, Drehbücher, kognitive Landkarten (Mindmaps), Denkmodelle, Metaphern oder Narrative nennen. Mit Geschichten erklären wir, wie etwas funktioniert, treffen wir Entscheidungen, begründen wir Entscheidungen, überzeugen wir andere Menschen von etwas, begreifen wir unseren

Platz in der Welt, erschaffen wir unsere Identität und definieren und vermitteln wir soziale Wert."

Besonders relevant sei das, meint John Kotter, Veränderungsmanagement-Guru und ehemaliger Professor an der Harvard Business School, für die heutige Führungskultur:

> „Wir lernen – und verändern uns – am besten, wenn wir Geschichten hören, die eine Saite in uns berühren. Wenn Menschen in Führungspositionen die Kraft von Geschichten nicht erkennen oder diese Kraft nicht nutzen, riskieren sie das Scheitern ihres Unternehmens oder ihr persönliches Scheitern."

Die Sprache, die wir verwenden, verankert sich und wird zur Handlung. Deswegen kommt es darauf an, sie zu respektieren, zu gestalten und strategisch einzusetzen. Filmregisseur und Produzent Robert Rodriguez schrieb einmal: „Wer Hollywood-Regisseur werden will, muss sich als Erstes Visitenkarten drucken lassen, auf denen unter seinem Namen das Wort ‚Regisseur' steht." Apple trat mit der Vision an, „einen Eindruck im Universum" zu hinterlassen, und hat diese Vision verwirklicht. Richie McCaw trat an, ein „Great All Black" zu werden. Im Vorfeld der Rugby-Weltmeisterschaft formulierten die All Backs ein internes Ziel: Sie nahmen sich vor, „die beste Rugbymannschaft zu sein, die es jemals gegeben hat".

> *Whāia te iti kahurangi; ki te tuohu koe, me he maunga teitei.*
> Wähl dir die höchste Wolke als Ziel. Wenn du sie nicht erreichst, landest du zumindest auf einem hohen Berg.

Das war keine Angeberei, ganz im Gegenteil. Für das Team war es die Eins-zu-eins-Umsetzung von „G. A. B." – die höchste Wolke, eine Benchmark. Jim Collins würde es „Big Hairy Audacious Goal" nennen: ein großes, haariges und kühnes Ziel. „Dieses Ziel wurde zum selbstverständlichen Bestandteil unserer Arbeit", sagte Graham Henry damals, „und bewirkte, dass jeder in der Gruppe seine Erwartungen ganz weit nach oben schraubte. Man merkte es an der Art, wie sie redeten und wie sie gingen."

„Messt euch an den Besten der Welt", ruft Sean Fitzpatrick seine Zuhörer auf. „Ohne Wenn und Aber."

---

**Nimm Erwartungen an**

Wir können unsere Leistung steigern, wenn wir unsere Angst vor dem Scheitern annehmen und eine gesunde Verlustaversion als Motivation nutzen. Und es zahlt sich aus, hochgesteckte Ziele ins Visier zu nehmen, wenn wir Weltklasseniveau erreichen wollen, und für uns selbst ein extremes oder sogar unrealistisches Ziel zu formulieren.

Es kommt gar nicht darauf an, ob dieses Ziel echt, angemessen oder erreichbar ist; es kommt einzig und allein darauf an, dass wir es anstreben. Damit setzen wir unsere inneren Benchmarks und die Benchmarks für das Team so hoch wie möglich an. Inspirierende Leader nutzen verwegene oder sogar unrealistische Ziele, um das Maximum aus sich herauszuholen, und die Kraft des Storytelling, um „ihre Welt ins Dasein zu singen". In Form von grandiosen, lebendigen, epischen Geschichten erzählen sie sich selbst und ihren Teams, was möglich ist – und bekommen ihre Geschichte schon bald von der Welt zurückerzählt.

# Nimm Erwartungen an

Wähle die höchste Wolke als Ziel.

*Kia whakangawari au i a hau.*
Kommt, wir rüsten uns für das Gefecht.

# VIII
# VORBEREITUNG

*Ko te piko o te māhuri, tērā te tupu o te rākau.*
Die Form des Setzlings entscheidet, wie der Baum wächst.

## ÜBE, UM ZU GEWINNEN

Trainiere unter Druck.

**Shepherd Street, Bowral, New South Wales, Australien, 1915**

Eine andere Sportart, eine andere Lektion. In einem Hinterhof spielt ein kleiner Junge Cricket mit sich selbst. Das Geräusch von Ball und Schlagholz hallt über die Dächer ganz gewöhnlicher Holzbungalows in einer ganz gewöhnlichen Stadt in Australien. Als Schläger benutzt der Junge einen Stump – einen Holzstab, wie man ihn braucht, um beim Cricket ein Wicket zusammenzubauen. Der Ball ist ein Golfball. Der Junge wirft den Ball gegen eine gewellte Mauer, von der der Ball nach jedem Wurf unvorhersehbar in eine andere Richtung abprallt. Mal trifft er ihn horizontal, mal blockt er ihn, mal spielt er einen Treibschlag. Aber jedes Mal trifft der Junge den Ball. Er verpasst keinen einzigen. Zehn Jahre lang tut er das jeden Morgen und jeden Nachmittag. Jeden Tag, jedes Jahr. Im ersten Spiel, das er als Zwölfjähriger für die Schule im Ort bestreitet, schaffte er 115 Runs, ohne auszuscheiden. Im Rückspiel nimmt der Kapitän seiner Mannschaft ihn nach 72 Runs vom Feld. Vor dem dritten Spiel droht der Kapitän der Gegenseite, keine Mannschaft aufs Feld zu schicken, wenn er aufläuft. Ein paar Jahre später erreicht der Bursche in seiner ersten Saison als Vereinsspieler 995 Runs in nur neun Innings. 1927 macht er sein erstes Match in der höchsten Spielklasse. Im Jahr darauf tritt er für sein Land an. 20 Jahre später beendet er seine Karriere, nachdem er im Test-Cricket durchschnittlich 99,94 Runs pro Ausscheiden erreicht und ihm zum unglaublichen Schnitt von 100 Runs nur ein einziger gefehlt hat.

Der Junge hieß Donald Bradman und war der beste Sportler aller Zeiten. Sein Handwerk lernte Bradman in den Gassen von Bowral, wo er einen Golfball gegen eine unebene Mauer warf und mit einem Cricket-Stump wegschlug. Trainieren war für ihn Spielen.

---

„Trainiere intensiv, um eine Gewinnermentalität zu entwickeln", heißt es bei den All Blacks. Die Methode heißt „Üben, um zu gewinnen". Für Graham Henry ist sie einer der strategischen Grundpfeiler, auf denen der Sieg seiner Mannschaft bei der WM ruhte. „Wir sprachen über Führungsqualitäten und Erwartungen, ein lernförderliches Klima und dergleichen. Aber es ging auch darum, mit dem Druck zurechtzukommen. Dabei spielt die Funktionsweise des Gehirns eine Rolle. Die Frage, wie das Gehirn in Stresssituationen arbeitet und wie man mit diesem Stress umgeht." „Was den Entscheidungsdruck angeht, sollte das Training den Spielern mehr abverlangen als das Spiel", meint Wayne Smith. „Man bewirft sie förmlich mit lauter Problemen, konfrontiert sie mit unerwarteten Situationen und zwingt sie, die Probleme zu lösen." Genau wie Bradman die gewellte Mauer.

Patrick McKendry beschrieb im *New Zealand Herald* ein Abschlusstraining vor einem Spiel der All Blacks:

> „Beim Training am Donnerstag geht es einzig und allein um Intensität. Anders als sonst, spielen die Spieler auch weiter, wenn ein Fehler passiert ist, sie unterbrechen den Spielfluss nicht. Sie begründen das richtigerweise damit, dass die gegnerische Mannschaft ihr Spiel ja auch nicht unterbricht, wenn die All Blacks einen Fehler machen, sondern im Gegenteil versucht, diesen Fehler auszunutzen. Deswegen sollte man es auch im Training so halten."

**Wer sich intensiv vorbereitet – übt, um zu gewinnen –, konditioniert Gehirn und Körper so, dass auch sie unter Druck hohe Leistung bringen. Dadurch werden Spitzenleistungen automatisiert, und es bildet sich eine Gewinnermentalität heraus.**

„Wir wollten reale Spielbedingungen nachbilden", sagt Smith. „Ich versuchte permanent, [den Gedrängehalb] Jimmy Cowen unter Druck zu setzen. Ich sagte ihm ständig, dass sie im Training gegen ihn punkten werden. Ich wollte simulieren, wie es im Spiel zugehen wird." Er erklärt weiter: „Wir haben sie nach dem Zufallsprinzip in alle möglichen Situationen gebracht, in denen Problemlösung gefragt ist, und festgestellt, dass wir damit bessere und nachhaltige Lernerfolge erzielen. Wenn du dich nicht selbst überforderst, lernst du auch nicht viel. Sich vor den Problemen wegzuducken, hat keinen Sinn."

---

Arnold Schwarzenegger spricht von *reps*, Wiederholungen. „Es gibt keine Abkürzung", schreibt er in seiner Autobiografie *Total Recall*. „Ich brauchte Hunderte oder sogar Tausende von Wiederholungen, bis ich wusste, wie man eine tolle Dreiviertelpose hinbekommt, Tango tanzt wie in *True Lies – Wahre*

*Lügen*, eine schöne Geburtstagskarte malt und genau im richtigen Ton ,*I'll be back*' sagt. Egal, was du im Leben machst – du musst üben, üben, üben oder Kilometer fressen." Am meisten bringt das Training, wenn es intensiv zugeht, wenn du aus deiner Komfortzone herausgescheucht wirst und über deine Grenzen gehst. Ein Satz, den man bei den All Blacks allenthalben hört: „If you're not growing anywhere, you're not going anywhere." – Wer in keine Richtung wächst, kommt nicht vom Fleck.

---

„Der Kampf wird gewonnen oder verloren", sagte Muhammad Ali, „ganz ohne Zeugen – hinter den Linien, im Training und draußen im Leben, lange bevor ich hier im Rampenlicht stehe." Als Dr. Izumi Tabata in den 1990er-Jahren die japanische Eisschnelllauf-Nationalmannschaft trainierte, machte er die Beobachtung, dass kurze, intensive Trainingseinheiten effektiver sind als längere, lockere Einheiten, wenn es darum geht, die anaerobe Kapazität und die maximale Sauerstoffaufnahme zu steigern. Beides sind wichtige Fitnessindikatoren. Bei der Probandengruppe, die kurze, aber intensive Belastungsphasen absolvierte, stiegen die anaerobe Kapazität um 28 Prozent und die maximale Sauerstoffaufnahme um 15 Prozent, während die zweite Gruppe mit einem traditionellen Training ihre maximale Sauerstoffaufnahme nur um zehn Prozent und ihre anaerobe Kapazität gar nicht steigerte.

> **In vielen Unternehmen ist Weiterbildung eine Abwechslung von der eigentlichen Arbeit und beschränkt sich auf einen gelegentlichen Tag außerhalb des Büros. Wirksame Weiterbildung dagegen ist intensiv, regelmäßig und basiert auf Wiederholung. Für alle, die Weltklasseresultate erzielen wollen, sollte sie ein zentrales Element der Firmenkultur sein.**

Die Chirurgische Abteilung im Beth Israel Deaconess Medical Center, einem Universitätsklinikum in New York City, entwickelte das sogenannte Top Gun Laparoscopic Skills Shoot-Out. Hierbei handelt sich um ein interaktives und als Intensivtraining konzipiertes „Videospiel" für Chirurgen in der Ausbildung, die ihre laparoskopischen Fertigkeiten schulen wollen – ihre Fertigkeiten für die Durchführung von Bauchspiegelungen. Diejenigen, die jede Woche drei Stunden mit dem Videospiel verbrachten, konnten ihre Fehlerquote um ein Drittel senken und arbeiteten 25 Prozent schneller als die Kollegen, die nicht mit dem Videospiel trainierten.

---

Intensivtraining ist natürlich keine neue Erfindung. Militärische Organisationen nutzen die Vorteile dieser Trainingsform schon seit Jahrtausenden – vom antiken Sparta bis zum berüchtigten Fartlek Hill im Ausbildungszentrum des US Marine Corps in Quantico, Virginia. Im 18. Jahrhundert warb Alexander Wassiljewitsch Suworow für eine „konstante, progressive und repetitive Ausbildung unter Bedingungen, die sich nach und nach echten Kampfbedingungen annähern“. Ein zentraler Teil seines Ausbildungsprogramms war eine Übung, bei der tausend Mann von der einen Seite und weitere tausend Mann von der anderen Seite angriffen. Die Attacke wurde zügig und durchdacht geführt. Soldaten und Pferde kamen bei dieser Übung, die immer wieder von vorn wiederholt wurde, zu Schaden und mitunter ums Leben. Nach Suworows Meinung war es jedoch besser, ein paar Soldaten im Manöver zu verlieren als eine Schlacht. Seine Rechnung ging auf. Er wurde nie geschlagen.

> **Intensives Training beschleunigt die persönliche Weiterentwicklung.**

Anfang der 1970er-Jahre führte die US-Luftwaffe das Militärmanöver „Red Flag“ ein. Experten hatten festgestellt, dass die Überlebensrate von Piloten nach zehn erfolgreichen Kampfeinsätzen signifikant stieg. Die Intensität eines realen Kampfes war offenbar ein wertvolles Training für … nun, für den realen Kampf. Schauplatz des Red-Flag-Manövers ist der Luftwaffenstützpunkt Nellis im US-Bundesstaat Nevada. Hier werden Luftkampfsituationen im großen Maßstab und unter realistischen Bedingungen simuliert. Dazu der ehemalige Red-Arrows-Pilot Justin Hughes: „Hier wird geübt, wie man in hochgradig stressintensiven Situationen Entscheidungen trifft. Ein Rollenspiel unter realen Bedingungen. Sieben Tage, sieben Nächte. Die bösen Jungs schlafen nachts nicht. Weil wir so hart und so gut trainieren, sind wir in der Regel besser als alle anderen.“

Die Pionierarbeit der All Blacks betrifft nicht den physischen, sondern den psychologischen Aspekt – die Nutzung des Zufallsprinzips und des Unvorhersehbaren und das kontinuierliche Hinterfragen, kombiniert mit Tempo und körperlicher Aktion, mit dem Ziel, das Gehirn zu strapazieren und die Entscheidungsfähigkeit auf die Probe zu stellen. „Der Sinn des Ganzen besteht darin, zu erreichen, dass du auch unter dem Druck, der im Spiel auf dir lastet, deine Leistung abrufen kannst“, sagt Gilbert Enoka. Damit man seine Leistung auch in Drucksituationen abrufen kann, muss man genau auf diese Weise trainieren. Wenn wir dann in der realen Situation sind, läuft es von selbst. Dann denken wir nicht groß nach, sondern agieren. Klar. Präzise. Und intensiv. Übe, um zu gewinnen.

---

Anfang 2010 nahm Gilbert Enoka die Dienste von Ceri Evans und Renzie Hanham in Anspruch. Die beiden Männer arbeiten für das Unternehmen Gazing Performance System und wissen theoretisch und praktisch sehr gut über das Verhalten des Gehirns in Belastungssituationen Bescheid. Evans, Karate-Schwarzgurt und ehemaliger Rhodes-Stipendiat, hat mit der neuseeländischen Football-Nationalmannschaft 56 Länderspiele gewonnen und ist heute forensischer Psychiater. Er hat die Methodik entwickelt, mit der Gazing jetzt Organisationen dabei hilft, ihre Leistung zu steigern. Hanham ist als Karatekämpfer für sein Land angetreten und hat Unternehmen betreut, aber auch Sportmannschaften bei olympischen Wettbewerben gecoacht. Gazing arbeitet international mit Unternehmen wie Xerox, Avis und UPS zusammen. Immer geht es darum, mit Druck umzugehen, die eigene Leistung zu steigern und Ergebnisse zu liefern.

Evans und Hanham bildeten Anfang 2010 zusammen mit Henry, Enoka, Smith und Hansen, Trainer Nick Gill und dem Mannschaftsrat der Spieler die Mental Analysis and Development Group (kurz MAD), um sich mit dem Thema Druck auseinanderzusetzen: Was ist Druck? Was bewirkt er? Wie bekommt man ihn in den Griff? „Schon allein zu lernen, wie das Gehirn auf Stress reagiert, war ein wichtiger erster Schritt“, sagt Henry. „Was erleben die Spieler eigentlich? Warum fühlen sie sich so und nicht anders?“ Bede Brosnahan von Gazing war zwar nicht bereit, im Detail über Evans' und Hanhams Arbeit mit den All Blacks Auskunft zu geben – „Manches davon ist sehr fachspezifisch“ –, aber er sprach darüber, wie sich einige der Instrumente, Techniken und Methoden, mit denen das Unternehmen bei Elitemannschaften arbeitet, auf die Geschäftswelt übertragen lassen. „Bei unserer Arbeit geht es immer um die Aufmerksamkeitssteuerung“, erklärt Brosnahan. In Drucksituationen sei es für unser Bewusstsein die einfachste Übung, „von einem ressourcenreichen Zustand in einen ressourcenarmen Zustand umzuschalten“ – also von geistiger Ruhe, Klarheit und innerer Stärke in das hinüberzuwechseln, was er „defensives Denken“ nennt. „Jeder kennt es: das Gefühl, wenn unsere Jalousien herunterfahren, der Horizont sich verengt und wir uns in einem Korridor wiederfinden, der immer enger wird und aus dem es scheinbar kein Entkommen gibt. In diesem Zustand fangen wir an, ans Überleben zu denken“, sagt Brosnahan. „Es entsteht eine Negativschleife, und unsere Wahrnehmung erzeugt Überforderungs-, Enge- und Spannungsgefühle. Das wiederum führt zu Verhaltensweisen, die uns nicht weiterhelfen: unverhohlene Aggression, Abschalten und Panik. Wir lassen uns von der Situation gefangen nehmen. Wir treffen falsche Entscheidungen. Wir versagen.“

In der Terminologie von Gazing sind wir in solchen Situationen „HOT“:

- Heated
- Overwhelmed
- Tense

Erhitzt, überfordert, verkrampft. Ein Zustand, den Gazing *Red Head* getauft hat. Man könnte es mit „Hitzkopf“ übersetzen.

---

Das Gegenteil ist der *Blue Head* – der kühle Kopf. Gemeint ist die Fähigkeit, gerade unter Druck einen klaren Kopf zu bewahren, um die Situation zutreffend analysieren und richtige Entscheidungen treffen zu können. In diesem ressourcenreichen Zustand können wir darauf vertrauen, dass wir die Aufgabe erfüllen, flexibel bleiben, uns auf die Situation einstellen und unsere Bestleistung abrufen können. Wir behalten sowohl das große Ganze als auch die wichtigen Kleinigkeiten im Blick, und unsere Aufmerksamkeit richtet sich genau auf das, worauf es ankommt. Ein *Blue Head* bleibt bei der Sache, wird nicht abgelenkt und bleibt handlungsfähig. Gazing fasst diese Handlungsfähigkeit in dem Akronym „ACT“ zusammen:

| | |
|---|---|
| **Alternatives** | Wir prüfen unsere Optionen, justieren wo nötig nach und bewältigen die Situation. |

| | |
|---|---|
| **Consequences** | Wir analysieren das Chance-Risiko-Verhältnis der verschiedenen Alternativen und legen fest, was zu tun ist. |
| **Task Behaviours** | Wir bleiben bei unserer Aufgabe und setzen Taktiken und Strategien um. |

Alternativen, Konsequenzen, aufgabengerechtes Verhalten. Anders ausgedrückt: Unter Druck leistungsfähig zu bleiben, heißt, wissen, wie man handeln muss. Brosnahan formuliert es so: „Verfolge den Prozess, statt dich auf das Ergebnis zu fixieren, und bring dich damit in eine Gewinnerposition."

„Die Fähigkeit, mit Druck umzugehen, war für uns extrem wichtig", sagt Henry. „Druck ist ein Privileg", sagt Gilbert Enoka. Durch Druck stößt man zum Höchstniveau vor.

„Wenn ein Unternehmen wirklich Weltklasse sein will", führt Brosnahan aus, „bedeutet das enormen Druck – und Druck ist etwas Gutes." Das Problem sei, dass die meisten Organisationen keine Trainingsprogramme anbieten, mit denen gezielt mentale Stärke aufgebaut wird. „Sie beschränken sich oft auf einmalige Veranstaltungen, aber das wird der Realität nicht gerecht. Eine Schulung, ein *Away-Day*, ein anregender Vortrag – aber kein kontinuierlicher und fortschreitender Prozess. Nur wenige setzen auf langfristige Entwicklung und auf Programme zur systematischen Optimierung.

„Die meisten Menschen wollen gewinnen", sagt Basketballtrainer Bobby Knight. „Aber nur wenige wollen sich auf das Gewinnen vorbereiten." Dabei ist mentale Stärke genau wie körperliche Fitness das Ergebnis eines langfristigen Konditionierungsprogramms.

„Es ist verrückt", erzählte Gilbert Enoka der Zeitschrift *Real Estate Business*. „Wenn man seine Körperkraft stärken will, geht man ins Fitnessstudio und arbeitet dreimal die Woche. Sollte man nicht, wenn man auf mentaler Ebene an seiner Konzentrationsfähigkeit und Flexibilität arbeiten will, genauso vorgehen?" „Wenn man sich körperliche Kondition, technisches Verständnis und taktisches Urteilsvermögen als Stuhlbeine vorstellt", sagt Wayne Smith im Gespräch mit dem Autor Gregor Paul, „kann der Stuhl auf ihnen nicht stehen. Es muss ein viertes Bein hinzukommen: die psychologische Stärke."

---

Das Trainingskonzept von Gazing folgt einer „Stufenleiter der Fähigkeiten“. Sie beginnt damit, dass sich die Trainingsteilnehmer das methodische Rüstzeug zulegen und die Intensität gesteigert wird. Im nächsten Schritt wird realer Druck erzeugt. Als Beispiel bietet sich die Vorbereitung auf einen Vortrag an: Zuerst lesen wir uns den Text durch, üben vielleicht vor dem Spiegel, bis wir ihn flüssig vortragen können und den richtigen Ausdruck gefunden haben. Dann bitten wir ein paar Leute, sich als Probeauditorium zur Verfügung zu stellen, das erhöht die Intensität. Schließlich könnten wir realen emotionalen Druck aufbauen: eine Videoaufzeichnung, ein feindseliger Zwischenrufer im Publikum, eine Wette darauf, wie oft wir uns verhaspeln werden, eine unrealistische Zeitbegrenzung … Auf diese Weise kann sich unser Gehirn an die Drucksituation gewöhnen. Wir werden klarer im Kopf, ziehen das Programm immer präziser und zunehmend automatisch durch und entwickeln immer mehr Situationsbewusstsein.

Dabei kommt es darauf an, nicht zu schnell zu viel zu tun. Wenn wir zu früh und zu stark unter Druck geraten, straucheln wir, verlieren die Orientierung und entwickeln genau die Gefühle, die wir durch das Training zunehmend vermeiden wollen. Wir fangen also mit den technischen Grundlagen an, steigern dann die Intensität und bauen anschließend Druck auf. Gegen Ende reduzieren wir die Intensität wieder und wenden uns noch einmal der Technik zu – wie in der Cool-Down-Phase beim Fitnesstraining. Dann folgt die Wiederholung. Es wird so lange wiederholt, bis der Prozess automatisiert abläuft. Die Technik wird fest verankert, und wir gewinnen das beruhigende Gefühl, dass wir den Prozess unter Kontrolle haben.

Entscheidend ist, dass wir unserer mentalen Leistung jene Qualität geben, die das Neurolinguistische Programmieren (NLP) „unbewusste Kompetenz“ nennt und die bei den All Blacks „Klarheit“ heißt. Henry sagt: „Wenn Smithy von Intensität und Präzision redet, ist damit ein Klärungsprozess gemeint – intensives und präzises Spiel ist das Gegenteil von ‚Mist, wir müssen dieses Spiel unbedingt gewinnen. Guck dir die Anzeigetafel an – es steht verdammt noch mal 8 zu 8, wir sitzen in der Scheiße!‘ Schon bist du blockiert, fängst an, Fehler zu machen, zu überkompensieren, traust deinen Teamkollegen nicht mehr und so weiter und so fort.“ „Es geht darum, die Balance zu finden. Bei ganz klarem Verstand und gleichzeitig voll motiviert zu sein“, sagt Andrew Mehrtens. „Sonst verlierst du die Übersicht, kannst das Spiel nicht mehr lesen und fängst an, falsche Entscheidungen zu treffen.“

Das Wort „automatisch“ kommt vom griechischen *automatos* und bedeutet „selbstständig denkend“. Es ist eng verwandt mit der Vorstellung des Für-sich-selbst-Denkens – also der Vorstellung von Autonomie und Eigenverantwortung, die auch der Satz „Bessere Menschen bedeuten bessere All Blacks“ vermittelt. Durch intensives Training automatisieren wir unsere Leistung und lernen, an einer Aufgabe dranzubleiben. Wenn es uns gelingt, unsere Aufmerksamkeit zu steuern – also nicht in Hitzköpfigkeit zu verfallen wie der *Red Head*, sondern einen kühlen Kopf, einen *Blue Head*, zu bewahren – können wir uns darauf konzentrieren, das zu steuern, was wir steuern können, und müssen uns keine Gedanken über das machen, worauf wir keinen Einfluss haben. Wir können im Hier und Jetzt bleiben. Wir können mit klarem Kopf unsere Führungsaufgabe wahrnehmen.

---

### Übe, um zu gewinnen

Übung macht den Meister. Das gilt für alle Bereiche. Egal, ob es um eine Sportart, eine Fertigkeit, ein Handwerk oder unternehmerische Fähigkeiten geht. Durch Intensität wird der Übungseffekt verstärkt. Wissenschaftliche Untersuchungen haben gezeigt, dass Körper und Gehirn auf forciertes und intensives Training positiv reagieren. Das führt zu signifikanten Verbesserungen und bringt Vorteile im Wettbewerb. Die All Blacks nutzen die Kraft der Intensität, um „auf Sieg zu trainieren“ – sie arbeiten mit Zufallsszenarien und unerwarteten Herausforderungen, damit die Spieler eine höhere Stresstoleranz in extremen Belastungssituationen entwickeln. Die Spieler sollen lernen, einen klareren Kopf und die Präzision zu bewahren, wenn sie unter Stress stehen, und in solchen Situationen die Aufmerksamkeit auf das Hier und Jetzt zu lenken, auf die Aufgabe, die ansteht. Intelligente Leader nutzen Intensität, um mehr aus sich und ihren Teams herauszuholen und ihre Kompetenzen und Fähigkeiten auszubauen. So wichtig wie das Powerhouse-Training für den Aufbau der körperlichen Kondition ist, so wichtig ist psychologisches Training für den Aufbau von mentaler Stärke und Belastbarkeit.

# Übe, um zu gewinnen

Trainiere unter Druck.

*Tangata akona ki te kāinga, tūngia ki te marae, tau ana.*
Wer zu Hause gut unterrichtet wird, steht mit Selbstvertrauen in der Gemeinschaft.

# IX
# DRUCK

*Te tīmatanga o te mātauranga ko te wahangū, te wāhanga tuarua ko te whakarongo.*
Die erste Lernphase: Schweigen. Die zweite: Zuhören.

## BEWAHRE EINEN KÜHLEN KOPF

Steuere deine Aufmerksamkeit.

**Neuseeland gegen Frankreich, Cardiff, 6. Oktober 2007**

Anfangs läuft das Spiel ganz nach dem Geschmack der All Blacks. Zur Halbzeit liegt Frankreich mit 3 zu 13 hinten. Dann geht alles schief. Bei Abpfiff haben *Les Bleus* die Nase vorn: 20 zu 18. Das war's. Die All Blacks im Viertelfinale geschlagen. Die Weltmeisterschaft ist für sie vorbei. „Die Stimmung in der Kabine war am Boden", erinnert sich Anton Oliver. „Trostlos, in sich zusammengefallen. Und es roch – ich will nichts dramatisieren –, aber es roch nach Tod." Der Druck war zu groß gewesen. Die All Blacks hatten versagt. Wieder versagt.

„Eine Minute entscheidet darüber, wie eine Schlacht ausgeht", schreibt Suworow. „Eine Stunde entscheidet über den Erfolg einer Kampagne, und ein Tag entscheidet über das Schicksal von Imperien."

Die selbst ernannten Experten in den Fernsehsesseln meinten, die All Blacks hätten sich einfach neu sortieren, nach vorne stürmen und aufs Tor schießen sollen. Stattdessen hatten sie in den Schlussminuten alles darangesetzt, einen Versuch zu erzielen. Die falsche Option. Schlechte Entscheidung in einer Drucksituation. Konfusion statt Klarheit. Mangelnde Führung. Das kostete sie den WM-Titel.

---

„Druck bedeutet Erwartung, prüfende Blicke und Konsequenzen", sagt Gilbert Enoka. „Wenn du unter Druck stehst, lässt du dich entweder ablenken oder bleibst mit voller Aufmerksamkeit bei der Sache. Wenn du dich ablenken lässt, führt das zu einer negativen emotionalen Reaktion und einem Verhalten, das niemandem weiterhilft. Du steckst fest. Mit anderen Worten: Du bist überfordert." Wenn du dagegen mit voller Aufmerksamkeit bei der Sache bleibst, kannst du mit deinem Situationsbewusstsein die Aufgabe punktgenau erledigen. Du hast einen klaren Kopf, stellst dich auf die Situation ein und bewältigst sie.

Die All Blacks sind nicht die ersten Sportler, die versagen. Der Golfer Greg Norman musste beim Masters-Turnier 1986 eine legendäre Niederlage hinnehmen, als er mit einem Vorsprung von sechs Schlägen in die Finalrunde ging und den Sieg trotzdem noch aus der Hand gab. Ende August 1951 waren die Brooklyn Dodgers mit einem 13-Spiele-Vorsprung allen Konkurrenten enteilt und ließen sich zum Saisonende doch noch von den New York Giants einholen. Die Giants gewannen das berühmt gewordene Play-off-Finale mit einem Three-run-Homerun von Bobby Thompson im neunten Inning. Eine Meisterleistung, die als „Shot Heard Round the World" – Schuss, der auf der ganzen Welt zu hören war – in die Geschichte einging. Die englische Fußball-Nationalmannschaft hat bislang nur 17 Prozent ihrer Elfmeterschießen gewonnen – die Deutschen haben eine Erfolgsquote von 83 Prozent. Dieses ungleiche Verhältnis veranlasste den ehemaligen englischen Stürmer Gary Lineker zu dem berühmten Ausspruch: „Fußball ist ein einfaches Spiel: 22 Männer jagen 90 Minuten lang einem Ball nach, und am Ende gewinnen die Deutschen." Ganz offensichtlich ist in jedem Spiel, das mit dem Körper ausgetragen wird, der Kopf das Entscheidende.

---

„Die meisten Sportler, die nicht zur Top-Elite gehören, wissen wahrscheinlich, wovon die Rede ist, wenn ich sage, dass man gerade in den entscheidenden Momenten des Lebens am ehesten seinen Text vergisst", sagte Matthew Syed, der Autor von *Bounce*, in einem Gespräch mit Channel 4 News. „Ein Bewerbungsgespräch, von dem sehr viel abhängt. Oder die ersten Worte, die du an die Frau deiner Träume richtest. Auch mir ist das schon passiert. Ich war von einem Moment auf den anderen nicht mehr in der Lage, eine Fertigkeit auszuüben, die ich mein ganzes Leben lang trainiert hatte." Syed hatte sich als Tischtennisspieler für die Olympischen Spiele in Sydney qualifiziert und musste im Wettkampf feststellen, dass er kaum mehr den Ball traf. „Wenn Menschen versagen, kann das daran liegen, dass sie nicht mithilfe der unbewussten Gehirnbereiche agieren – die komplexe Aufgaben durchaus effizient erfüllen können –, sondern eine bewusste Kontrolle ausüben und genau dadurch die eingespielte Arbeit des Unbewussten stören und durcheinanderbringen."

> Falsche Entscheidungen folgen nicht aus mangelndem Können oder Urteilsvermögen, sondern sie werden getroffen, weil man im entscheidenden Moment nicht mit dem Druck umgehen kann.

Tennistrainer Nick Bollettieri nennt das den „Tausendfüßlereffekt". Wenn ein Tausendfüßler darüber nachdenken müsste, in welcher Reihenfolge er seine Beine in Bewegung setzen muss, würde er keinen Schritt mehr tun. Die Aufgabe wäre zu komplex und entmutigend. Beim Menschen ist das nicht anders.

Bei Suworow heißt der *Red-Head*-Zustand „das Dunkle" und meint die eingefahrene Negativschleife aus Selbstbeurteilung, geistiger Unbeweglichkeit, Aggression, Blockade und Panik. Den *Blue Head* nennt er „das Helle" – man erledigt seine Aufgabe konzentriert und in Ruhe, bleibt ganz bei sich, macht sein Spiel, hat alles unter Kontrolle und ist im Flow. Das gilt bei militärischen Einsätzen genauso wie im Sport und für unternehmerisches Handeln. Wie wir unsere Aufmerksamkeit steuern – das ist der Faktor, der in der Hitze des Gefechts darüber entscheidet, ob wir uns im roten Bereich verirren oder im Blue-Head-Zustand bleiben und damit unsere Handlungsfreiheit behalten.

RED HEAD – HITZKOPF
Angespannt, gehemmt, ergebnisfixiert, ängstlich, aggressiv, überkompensatorisch, verzweifelt
BLUE HEAD – KÜHLER KOPF
Locker, expressiv, im Hier und Jetzt, ruhig, klar, genau, auf die Aufgabe fokussiert

Im Prinzip funktioniert das so: Unsere Gedanken wandern mit uns dorthin, wohin wir uns mit unserem Geist orientieren. Unsere Gedanken erzeugen ein Gefühl. Das Gefühl bestimmt unser Verhalten und unser Verhalten bestimmt die Leistung. Wenn es uns gelingt, unsere Aufmerksamkeit und mit ihr unsere Gedanken zu steuern, können wir unsere Gefühle unter Kontrolle bringen und unsere Leistung steigern. Doch das ist leichter gesagt als getan. Klassische Drucksituationen sind nun einmal „hitzige" Momente, wenn

- etwas auf dem Spiel steht
- eine traumatische Erfahrung wachgerufen wird
- Konflikte, Aggressionen, Streit oder Meinungsverschiedenheiten im Spiel sind
- eine Deadline naht, eine Uhr tickt, die Zeit drängt
- intensive Reize und Ablenkungen auf uns wirken.

Wie können wir in solchen Situationen – zum Beispiel vor einem Abgabetermin, der nicht einzuhalten ist, oder in den letzten Sekunden der K.o.-Runde bei einer Rugby-Weltmeisterschaft – unsere Aufmerksamkeit steuern? Wie bleiben wir im Hier und Jetzt und in einem ressourcenreichen Zustand? Wie bleiben wir auf die Aufgabe konzentriert? Wie schaffen wir es, nicht in Hitzköpfigkeit zu verfallen wie der *Red Head*, sondern einen kühlen Kopf, einen *Blue Head*, zu bewahren?

---

„Den Zustand wechseln zu können, ist entscheidend", sagt Wayne Smith. Graham Henry sah darin eine der wichtigsten Voraussetzungen für den späteren Triumph seiner Mannschaft. „Die Fähigkeit, vom Red-Zustand in den Blue-Zustand zu wechseln oder, besser noch, im Blue-Zustand zu bleiben, war sehr wichtig für uns", sagt er. „Jeder", sagt Gilbert Enoka, „der sich in unserem Metier mit Leistung und Leistungsverbesserung beschäftigt, wird bestätigen, dass es immer um den Zustand geht, dass es einem gelingen muss, sich zu sortieren." Für Richie McCaw bedeutet das, zu vermeiden, was er in *The Real McCaw* mit den drei Wörtern „kämpfen, fliehen oder sich totstellen" beschreibt. Er muss dafür die „bösen Bilder aus der Vergangenheit oder die Angst vor Folgen" fernhalten. In der NLP-Sprache ist sein „bevorzugtes Repräsentationssystem" – gemeint ist seine Art, Informationen zu verarbeiten und zu speichern – vorwiegend visuell. An vielen Stellen im Buch beschreibt er seine Stresssymptome mit Vokabeln aus dem Wortfeld Sehen. Indem er seine Trigger – die bösen Bilder – erkennt und seine Aufmerksamkeit steuert – also die bösen Bilder abhält –, schafft er es, im Hier und Jetzt zu bleiben und sich mit klarem Kopf auf seine Aufgabe zu konzentrieren. Bei anderen Menschen sind die Trigger vielleicht auditiv. Das ist zum Beispiel der Fall, wenn ein Veteran aus dem Irakkrieg, der an einer posttraumatischen Belastungsstörung leidet, mit Panik auf den Fehlzündungsknall eines Autos reagiert. Wieder andere reagieren auf sensorische Trigger – auf das Gefühl beim Betreten eines überfüllten Raumes – oder auf einen bestimmten Geruch wie den Duft der Madeleines bei Marcel Proust. Auch wenn jeder von uns sein bevorzugtes Repräsentationssystem hat, tragen wir alle verschiedene Arten von Trigger in uns. Die Kunst besteht darin, zu erkennen, wann diese Trigger in unserem Gehirn ihre Signale abfeuern und wann sich das negativ auswirkt. Wir müssen die Warnsignale, die Alarmsirenen, unseren sechsten Sinn erkennen – und dann unsere Reaktionen steuern. „Das Gehirn hat im Wesentlichen drei Bereiche – Instinkt, Denken und Fühlen", sagt Enoka in einem Gespräch mit dem *New Zealand Herald*. „In Drucksituationen ist es immer das Denken, das sich verabschiedet. Das heißt, dass man sich auf Gefühl und Instinkt verlässt und die Signale und Informationen nicht mehr erfassen kann, die man braucht, um richtig zu entscheiden." Und weiter sagt er: „Wenn du ins Trudeln gerätst, kannst du dich nur noch auf das Ergebnis fokussieren, nicht mehr auf deine Aufgabe. Das beeinträchtigt deine Entscheidungsfähigkeit."

In *The Real McCaw* beschreibt Enoka, wie Ceri Evans den Spielern half, sich in solchen Situationen zu fokussieren. Wie beim Meditieren ist der erste Schritt das Atmen: „Langsam und bewusst atmen ... die Aufmerksamkeit auf etwas im Außen lenken – auf den Boden, deine Füße, den Ball in der Hand oder abwechselnd auf den linken und den rechten großen Zeh oder auf die Haupttribüne ... tief ein- und ausatmen und mit Schlüsselwörtern das eigene Denken loslassen, einen Fokus im Außen finden, ins Hier und Jetzt und ins Situationsbewusstsein zurückkehren." Diese Handlungen sind Anker (siehe Kapitel VII) und haben eine bestimmte Funktion. Sie sollen die Spieler im Jetzt, in der Klarheit, im Blue-Head-Zustand verankern.

Die Technik lässt sich einfach auch auf Drucksituationen im Unternehmen übertragen. Dazu bringen wir uns zunächst in einen ressourcenreichen Zustand: Ruhe, positive Stimmung, klarer Kopf. Im nächsten Schritt „verankern" wir diesen Zustand mithilfe einer bestimmten, wiederholbaren körperlichen Handlung. Das kann sein: die Zehen zusammenkrallen, mit dem Fuß aufstampfen, den Blick in die Ferne richten, Wasser ins Gesicht kippen. Wiederholen und wiederholen und wiederholen, bis die Handlung automatisiert ist. Dann lernen wir, auf Stresssymptome zu achten: unsere Konzentration bricht ein, unser Blickfeld verengt sich, das Herz schlägt schneller, die Angst nimmt zu, Befangenheit ergreift uns – und können mit dem Anker einen Neustart einleiten. In unsere Mitte zurückfinden. So wie ein Arzt einen Patienten mit Herzstillstand mit dem Defibrillator wieder zurückholt, reaktiviert der „Schock der Erkenntnis" unseren ressourcenreichen Zustand und befördert uns wieder ins Hier und Jetzt. Das Denken setzt wieder ein. Wir sind nicht mehr abgelenkt, können urteilen, uns auf die Situation einstellen. Wir konzentrieren uns wieder auf unsere Aufgabe und darauf, wie wir sie am besten erledigen. Wir können wieder agieren, statt nur zu reagieren.

---

„Was macht ein Pilot, wenn er abstürzt?", fragt Bede Brosnahan von Gazing und gibt selbst die Antwort: „Er schlägt im Bedienungshandbuch nach." Mit diesem Scherz, so Brosnahan, lässt sich die Methode des Gazing Performance System verdeutlichen. Gazing entwickelt für seine Klienten Mindmaps, einfach gehaltene „gedankliche (Land)karten" mit relevanten Punkten, die man sich gut einprägen und in stressigen Situationen abrufen kann. „Mindmaps zwingen einen zur Deutlichkeit", sagt er. „Auf einer Karte ist schließlich kein Platz für Unnötiges." Mindmaps sehen in den verschiedensten Bereichen, in denen Höchstleistungen erbracht werden, ähnlich aus. Ihre Nutzer verwenden die gleiche Sprache, ob es sich um ein Schaubild, Schlüsselwörter, Sätze oder Mantras handelt. Eine Sprache, die Klarheit schafft. „Wissen, in welche Richtung du gehen willst, und diese Richtung kurz, knapp und eindeutig beschreiben können, ist der Ausgangspunkt", sagt Brosnahan. Eine Mindmap ist keine topografische Karte, aber ausreichend, wenn Gefahr droht, die Orientierung zu verlieren. Dabei können neben visuellen Gedächtnisstützen wie bei Gazing auch körperliche Impulse wie die von McCaw beschriebenen Trigger, aber auch Wörter und Mantras einen wieder ins Hier und Jetzt holen.

> **Mit Mantras können wir uns selbst eine Geschichte erzählen. Sie helfen uns, effektiv zu denken. Sie dienen als gedankliche Landkarte in Stresssituationen.**

---

„Ich hab sie alle noch im Kopf", sagt Anton Oliver und zählt die Mantras auf, die die All Blacks seinerzeit verwendeten. TQB hieß „top-quality ball", Spitzenball. OTG stand für „over the gain line" – effektiven Raumgewinn erzielen. KBA bedeutete „keep the ball alive" – den Ball im Spiel halten. Und LQB war das Mantra für „lightening quick ball", Blitzball. „Wenn wir diese vier Dinge hinbekamen, war alles in Ordnung. Diese Mantras waren unsere Blaupause, mit der wir uns das Spiel klargemacht haben."

Mantras waren ursprünglich Wörter, Sätze oder Klänge, die Wandlungskraft besaßen. Das berühmteste vedische Mantra ist das Meditationsmantra „Om“, das den Meditierenden im Hier und Jetzt verankert. Bis heute hat sich der Sinn von Mantras nicht verändert. Sie sind „Denkinstrumente“ – eine praktische Hilfe, mit der man sich in den gegenwärtigen Augenblick zurückholt. Unter Piloten gibt es ein Mantra, mit dem sie bei der Flut von Daten, die in einer Krisensituation auf sie einstürmen, den Überblick behalten:

*Aviate.*
*Navigate.*
*Communicate.*

Fliegen. Steuern. Kommunizieren. Heißt: Als Erstes geht es darum, dass das Flugzeug weitergeflogen wird. Zweitens muss der Pilot die Maschine in die richtige Richtung steuern. Drittens muss er dem Bodenpersonal mitteilen, wohin er fliegt. Ein einfacher, praktischer Ablauf, der Menschenleben gerettet hat. In seiner Einfachheit ist das Mantra eine Orientierungshilfe für die Piloten, dank derer sie die richtigen Schritte in der richtigen Reihenfolge ausführen, die Gesamtsituation im Blick behalten und genau wissen, was zu tun ist. Auch Rettungssanitäter und Bergretter haben ein Mantra für Situationen, in denen sie Erste Hilfe leisten müssen.

*Assess.*
*Adjust.*
*Act.*

Situation erfassen. Auf Situation einstellen. Handeln. Auch dieser Ablauf sorgt für Sicherheit und Klarheit, ohne dass kostbare Zeit verloren geht. Viele Mantras sind nach der Dreierregel aufgebaut. Sie bestehen aus drei Wörtern oder kurzen Sätzen, die ineinandergreifen und die gewünschte Veränderung bewirken. Wenn Menschen erzählen, folgen sie der Dreierregel: Anfang, Mittelteil, Ende. Sei es der Dreiakter im Drama, die Witze nach dem Strickmuster „Ein Engländer, ein Ire und ein Schotte“, die drei Rechte auf „Leben, Freiheit und das Streben nach Glück“ in der amerikanischen Unabhängigkeitserklärung oder das Maori-Sprichwort *Titiro, whakarongo, kōrero* (Schauen, zuhören, sprechen). Mantras stellen mit diesem Aufbau eine Ereigniskette her und geleiten den Menschen vom Chaos über die Klarheit zum Handeln. Automatisch.

---

Aufmerksamkeitssteuerung – durch den Ankereffekt, Gedächtniskarten und Mantras – dient dazu, uns wieder in die Gegenwart zu holen. Statt mit dem „Was wäre, wenn" können wir uns mit dem befassen, was ist. Statt „Was machen wir, wenn uns die Ressourcen ausgehen?" können wir fragen: „Wie nutzen wir unsere Ressourcen am besten?" Statt „Was ist, wenn wir den Auftrag nicht bekommen?" können wir fragen: „Was kann ich tun, damit wir den Auftrag bekommen?" Mit Mindmaps und Mantras können wir, wie Gilbert Enoka es formuliert, „dem Druck Druck entgegensetzen". Das bedeutet: Statt Druck zu spüren, bauen wir Druck auf. Wenn wir unsere Aufmerksamkeit steuern, steuern wir unsere Leistung. Wenn wir unsere Leistung steuern, kontrollieren wir das Spiel.

---

Zeitsprung von Cardiff 2007 nach Auckland 2011, vom Viertelfinale der Rugby-WM zum WM-Finale, von einer Mannschaft, die eine Niederlage einstecken muss, zu einer Mannschaft auf der Siegerstraße. Die gleichen Mannschaften stehen sich gegenüber: Neuseeland und Frankreich. Auch 2011 steht es Spitz auf Knopf, aber diesmal führt Neuseeland mit einem Punkt Vorsprung.

Die Körpersprache spricht Bände. Richie McCaw atmet bewusst, fasst sich ans Handgelenk, stampft mit den Füßen, um sich wieder zu zentrieren und auf die Situation zu fokussieren. Er schaut in die Runde. Nirgendwo sind heute glasige Augen zu sehen. Und auch niemand, der aussieht wie der Tod auf Latschen. Brad Thorne kippt sich Wasser über den Kopf, um seine Gedanken abzukühlen. Kieran Read heftet den Blick auf den entlegensten Winkel des Stadions, damit die Perspektive wieder stimmt. Ganz Neuseeland ist ein einziges Stadion mit vier Millionen Zuschauern, die nicht so gelassen bleiben wie die All Blacks. Die Furcht hängt wie eine dunkle Riesenwolke über ihnen. Unweigerlich kommen die bösen Bilder von früher hoch. Die Zuschauer sind im roten Bereich, im Red-Head-Zustand, aber die All Blacks bleiben mit kühlem Kopf im

Blue-Head-Zustand. Die Uhr zählt herunter, sehr, sehr langsam. Und dann endlich ... der Abpfiff. 8 zu 7 für Neuseeland. „Wir haben sie kleingekriegt", sagt Graham Henry. Und zwar auch im Kopf.

---

## Bewahre einen kühlen Kopf

Druck bedeutet „Erwartung, prüfende Blicke und Konsequenzen". Druck ist wie ein Vorhang, der sich senkt. Wie eine Jalousie, die heruntergelassen wird. Wie roter Nebel, der um uns herum aufsteigt. Er führt zu Verkrampfung, Panik, überzogener Aggression, Blockade – und falschen Entscheidungen. Kluge Leader versuchen zu verstehen, wie das Gehirn auf Stress reagiert, und üben einfache, fast meditative Techniken, die helfen, gelassen, klar im Kopf und in der Situation verankert zu bleiben. Mit Mindmaps, Mantras und Ankern steuern sie durch Situationen, in denen privat und beruflich extremer Druck auf ihnen lastet, und holen sich selbst wieder zurück ins Hier und Jetzt. Auf diese Weise machen sie und ihre Teams unbeirrt ihr Spiel und bleiben Herr der Lage. Mit solchen Methoden können wir uns aus einem unbeständigen, ungewissen und unklaren Zustand in einen Zustand holen, in dem wir klar denken können. „Klar denken. Klartext reden. Klare Aufgaben stellen." Das ist der Unterschied zwischen Rot und Blau, Dunkel und Hell, Scheitern und Erfolg.

# Bewahre einen kühlen Kopf

Steuere deine Aufmerksamkeit.

*Mā te rongo, ka mōhio;*
*Mā te mōhio, ka mārama; te rongo*
*Mā te mārama, ka mātau;*
*Mā te mātau, ka ora.*
Vom Zuhören zum Wissen.
Vom Wissen zum Verstehen.
Vom Verstehen zur Weisheit.
Von der Weisheit zum Wohlergehen.

# X
# AUTHENTIZITÄT

*Whakapūpūtia mai ō mānuka, kia kore ai e whati.*
Binde die Äste des Manukabaums zusammen, damit sie nicht abbrechen.

ERKENNE
DICH SELBST
Bleib dir treu.

„Wir reden immer vom *wahren Selbst,* aber nie vom *unechten Selbst*", sagt Gilbert Enoka. „Wenn du als Neuling bei den All Blacks dem Gruppendruck nachgibst und Dinge nur deswegen machst, weil die anderen es wollen, wenn du nicht geerdet bist, wird das schnell auffliegen." Enoka zieht einen Vergleich mit einer Brücke, die deswegen stabil ist, weil sie aus mehreren verschiedenen Planken gezimmert ist: persönliches Können, Freunde, Familie, die Zugehörigkeit zu den All Blacks. „Wenn du nur die Rugby-Planke hast und keine anderen, ist dein Scheitern vorprogrammiert." Er erklärt, wie die All Blacks sich vor mentaler Schwäche schützen: „Indem du dein Ich, das Umfeld, die Kultur, die Rituale, die *legacy* zu einer Einheit zusammenführst, baust du dir eine tragfähige Struktur, die dich stützt und zum Ziel führt. Ab und zu (wenn mal etwas schiefgeht) gerätst du vielleicht ins Straucheln, aber du zerbrichst nicht daran." Bessere Menschen bedeuten bessere All Blacks.

---

Erkenne dich selbst. Dieser Satz, der Sokrates zugeschrieben wird, ist in Wahrheit viel älter und ziert als Inschrift die Tempelkammer im oberägyptischen Luxor. „Mensch, erkenne dich selbst", steht dort in Hieroglyphen, „und du wirst die Götter erkennen." „Wenn du wissen willst, wie man gewinnt", so sagt man, „musst du erst einmal wissen, wie man verliert." Bei den All Blacks hat der Spruch noch eine Fortsetzung: „Wenn du wissen willst, wie man verliert, musst du erst einmal wissen, wer du bist."

Wenn wir uns durch das Geschrei der Masse und die alltäglichen Ablenkungen nicht von unserem Weg abbringen lassen, gewinnen wir die nötige Freiheit, unserem eigenen Weg zu folgen, und dabei, wie Enoka es formuliert, „Belastungen standzuhalten, Rückgrat zu beweisen, uns selbst treu zu bleiben und unsere innere Stärke zu wahren". „Ein authentisches Selbst zu entwickeln", sagt er, „steigert die Leistungsfähigkeit enorm." Ein authentisches Selbst macht das Wesen eines Leaders aus, seinen Kern, sein *mana*.

Bill George, Professor an der Harvard Business School, beschreibt in seinem bahnbrechenden Buch *True North*, was nach seinem Dafürhalten eine herausragende Führungspersönlichkeit ausmacht. Sie müsse „authentisch, echt und sich selbst treu" sein. Diese Einstellung findet sich auch bei den All Blacks. Enoka erzählt von McCaw: „Wenn man ihn fragt, wie gehst du mit der Öffentlichkeit um, sagt er: Ganz einfach. Genau so, wie die Öffentlichkeit mich erlebt, bin ich auch als Privatmensch." „Wenn Führungskräfte scheitern", sagte Bill George in einem Interview mit Pamela Hawley, „liegt das meistens daran, dass sie keine ausgeprägte Identität haben, nicht an sich glauben und keinen Respekt vor sich selbst haben. Wenn eine Führungspersönlichkeit andere Menschen respektlos behandelt, liegt die Wurzel des Problems in der Regel bei ihr selbst."

„Als Erstes müssen wir den Sinn unseres Lebens finden", sagt er. „Leader müssen sich fragen: Warum bin ich hier? Wozu bin ich hier? Wie nutze ich meine Lebenszeit?" Das erinnert an die Fragen, die Buckminster Fuller sich stellte: „Was ist meine Aufgabe auf diesem Planeten? Was gibt es, das getan werden muss, womit ich mich ein bisschen auskenne und das wahrscheinlich nicht geschehen wird, wenn ich es nicht in die Hand nehme?" „Das A und O jeder erfolgreichen Führungskultur ist Authentizität", sagt George. „Du selbst sein. Der Mensch sein, als der du erschaffen wurdest." Wer den Stil anderer Leader kopiert, ist genau das Gegenteil von authentisch. „Ihre Zeit ist begrenzt", sagte Steve Jobs 2005 in seiner berühmt gewordenen Rede bei der Abschlussfeier der Stanford University. „Lassen Sie sich nicht von Dogmen einengen. Und vor allem: Haben Sie den Mut, Ihrem Herzen und Ihrer Intuition zu folgen. Die beiden wissen schon, was Sie wirklich werden wollen. Alles andere ist sekundär."

> **Die besten Leader bleiben ihrer inneren Wahrheit treu. Sie führen ihr eigenes Leben und andere folgen ihnen auf dem Weg.**

Authentizität ist das Gegenteil dessen, was Jean-Paul Sartre *mauvaise foi* – Unaufrichtigkeit – nannte. Unaufrichtig werden wir, wenn wir uns durch Gruppendruck und gesellschaftliche Zwänge dazu drängen lassen, unseren Werten untreu zu werden. Wir arrangieren uns mit der Gesellschaft, damit wir ins Bild passen. Das ist eine Art psychologischer „Ausverkauf", bei dem wir unsere Freiheit und Selbstentfaltung für die Konformität mit der Masse aufgeben. Damit nicht genug: Dieser Handel steht zwischen unserem Selbst und uns. Er führt dazu, dass wir unsere wahre Natur gar nicht mehr kennen. Damit wird unser *mana* abgetötet. In *Das Sein und das Nichts* beschreibt Sartre einen Kellner, der ihm durch sein gekünsteltes Gehabe auffällt: „Er hat lebhafte und eifrige Bewegungen, etwas allzu präzise, etwas allzu schnelle." Die Diskrepanz zwischen Selbst und Selbstdarstellung, zwischen Wirklichkeit und Identität verrät, dass der Beobachtete von seinem eigentlichen Daseinszweck abgekommen ist, und das entfremdet ihn von den Menschen, die ihn umgeben.

Auf der anderen Seite können wir, wenn wir authentisch bleiben, *Autor* unseres eigenen Lebens sein, ihm unsere eigene Prägung geben und unsere eigene Geschichte so schreiben, wie es zu unseren Überzeugungen passt. „Ich will authentisch leben", sagt Anton Oliver. „Dafür muss man natürlich erst einmal begreifen, wer man ist, damit man überhaupt weiß, wo man ansetzen soll." Und das beginnt mit Ehrlichkeit und Integrität.

### Erstens: Ehrlichkeit

„In den Bauch, nicht in den Rücken." So beschreibt Gilbert Enoka, was aufrichtiges Feedback bedeutet. Für Owen Eastwood ist das eine Grundvoraussetzung überall dort, wo es auf Hochleistung ankommt:

> „In der Interaktion unter Gleichen braucht es ein hohes Maß an Vertrauen – und zwar im Sinne eines geschützten Raumes, in dem sich jeder auch mit seinen Schwächen zeigen kann. Die Leader müssen ein Klima schaffen, in dem die Einzelnen sich als Menschen kennenlernen und erfahren, welche persönliche Geschichte der andere hat und wie er arbeitet. Der Leader muss mit gutem Beispiel vorangehen und eigene Fehler, Schwächen und Ängste zugeben können. Das ist eine wesentliche Voraussetzung dafür, dass Konflikte und Konfrontationen – also die Situationen, in denen häufig die wichtigsten Interaktionen stattfinden – in einem geschützten Rahmen ausgetragen werden können."

„Früher sind wir mit Niederlagen nicht gut umgegangen", sagt Anton Oliver. „Es wurde viel mit dem Finger auf andere gezeigt. Es herrschte viel Isolation. Das hat sich stark verändert, je mehr die Mannschaft zu einer Gemeinschaft wurde und lernte, die Last einer Niederlage gleichmäßig auf alle Schultern zu verteilen und gemeinsam zu tragen." „Ich finde es am besten, wenn die Mannschaft sich die Spiele zusammen ansieht, weil dann nichts im Verborgenen bleibt", sagt Andrew Mehrtens. „Jeder sieht dein verunglücktes Tackling, aber auch alles, was du gut gemacht hast. Auf dieser Basis kann dann ein Spieler zum anderen ganz sachlich und ohne persönliche Wertung sagen: ‚Ich brauche das und das von dir, damit ich meine Aufgabe erfüllen kann.' Oder: ‚Was kann ich dazu beitragen, dass du deinen Job gut machen kannst?'" „Wenn das gelingt", so Mehrtens, „hast du ein gutes Team."

**Spitzenteams pflegen eine Kultur der Ehrlichkeit und Authentizität, in der Konflikte in einem geschützten Rahmen ausgetragen werden können.**

## Zweitens: Integrität

Das Wort Integrität leitet sich vom lateinischen integritas oder integer ab und bezeichnet etwas Ganzes und Ungeteiltes. In seiner ethischen Bedeutung meint es „richtiges Handeln". Integrität heißt, dass unsere Gedanken, Wörter und Taten „aus einem Guss sind" und unsere Grundwerte, Ziele, Überzeugungen und Verhaltensweisen – wie nach einer chiropraktischen Justierung – dieselbe Ausrichtung haben. Sinnvollerweise sollte man sich Integrität nicht als eine moralische Größe vorstellen, sondern sie unter dem Aspekt der Praktikabilität betrachten. Es geht nicht darum, fehlerlos oder edelmütig zu sein, sondern darum, Dinge geregelt zu kriegen. Im Endeffekt baut man auf diese Weise Vertrauen, Überzeugungskraft und Respekt auf, aber das sind nur Nebenprodukte des Worthaltens. Zuerst bedeutet es: Die anderen können darauf zählen, dass wir tun, was wir sagen. Und noch wichtiger: Wir selbst können auf uns zählen.

---

In einer Veröffentlichung der Harvard Business School nahmen Michael C. Jensen, Werner Erhard und Steve Zaffron den Zusammenhang zwischen Integrität und Leistung unter die Lupe. Im Abstract zu ihrem Modell *Integrity: Where Leadership Begins* definieren sie Integrität wie folgt:

> „Integrität bedeutet in unserem Modell, dass man sein Wort hält. Integrität ist somit ein rein positives Phänomen. Es hat nichts mit Gut oder Schlecht, richtigem oder falschem Verhalten zu tun. Wie

> das Gesetz der Schwerkraft ist das Gesetz der Integrität einfach ein Fakt, und wenn man gegen das Gesetz der Integrität verstößt, holt man sich ebenso Beulen wie jemand, der versucht, sich ohne Sicherheitsausrüstung über das Gesetz der Schwerkraft hinwegzusetzen. Wenn man sein Wort hält, hat das für die eigene Person und für das Unternehmen enorme Vorteile, die in der Regel zu wenig gewürdigt werden."

Dieses Konzept von Integrität ist einfach und kann große Wirkung entfalten. Integrität ist, wie Jensen, Erhard und Zaffron sagen, „ein genauso wichtiger Produktionsfaktor wie Wissen oder Technologie und macht unglaubliche Leistungssteigerungen möglich." Man denke nur daran, wie viel Zeit durch Besprechungen vergeudet wird, zu denen Teilnehmer zu spät oder gar nicht erscheinen, durch immer weiter nach hinten verschobene Deadlines, durch Telefonate, die nicht geführt werden, weil „etwas dazwischenkommt", durch Schecks in der Briefpost, durch Beziehungen, die zerbrechen, weil der eine den anderen im Stich gelassen hat – eben durch Systeme, die nicht harmonieren und nicht ineinandergreifen. Wie wäre es, wenn diese Systeme ineinandergriffen? Wie wäre es, wenn alles berechenbar und termingerecht wie ein Uhrwerk liefe? Jansen, Erhard und Zaffron stellten das von ihnen so genannte Ontologische Integritätsgesetz auf:

**Wenn Integrität ein zentrales Element der Führungskultur ist und jeder im Team seine Zusagen punktgenau einhält, bringt das Klarheit, Sicherheit, Produktivität und Power.**

> „Je weniger Integrität, umso weniger Leistungschancen."

Je mehr Reibungsverluste es gibt, umso weniger schafft man, und je weniger Reibungsverluste entstehen, umso größer ist die Zugkraft. Es ist wie beim Rad eines Fahrrades: Wenn die Speichen fehlen, funktioniert das Rad nicht richtig. Wenn alle Speichen montiert sind, läuft das Rad optimal. Integrität bedeutet, dass alle Speichen montiert sind.

Es ist nicht verwunderlich, dass im Kreise der All Blacks strikte Integrität und eine so gut wie lückenlose Verantwortlichkeit herrschen. „Wenn man Taten sprechen lässt“, sagt Wayne Smith, „braucht man keine Worte.“ Wenn jemand etwas zusagt, kannst du sicher sein, dass er diese Zusage einhält. Wenn er sagt, dass er zu einer bestimmten Zeit an einem bestimmten Ort sein wird, wird er dort sein. Die All Blacks halten sich konsequent an Lombardis Regel: Wer zu einer Besprechung nicht vor der Zeit kommt, kommt zu spät. Viele stellen ihre Uhren zehn Minuten vor. Niemand verpasst den Bus. Keiner will die anderen warten lassen. Auf diese Weise läuft es rund.

---

Wenn wir ein überzeugendes, klar formuliertes Ziel und hohe Erwartungen haben, diese aber nicht verfolgen, kommen wir zu nichts. Richten wir den Fokus hingegen darauf, gewissenhaft zu handeln, können wir unser Verhältnis zum eigenen Denken verändern – und das setzt große Kräfte frei. Denn wenn wir zu unserem Wort stehen, bleiben unsere Vorstellungen und Absichten nicht im Ungefähren. Stattdessen entwickeln wir verbindliche, zielgerichtete und entschlossene Gedanken. Diese Gedanken werden zum Motor der Veränderung.

> Ehrlichkeit = Integrität = Authentizität = Belastbarkeit = Leistung

„Authentizität heißt“, schreibt der Autor Lance Secretan, der sich intensiv mit Leadership beschäftigt hat, „dass Kopf, Mund, Herz und Füße in Einklang gebracht werden und Denken, Sprechen und Handeln jederzeit deckungsgleich sind. Dadurch wächst Vertrauen, und jeder folgt doch am liebsten einem Leader, dem er vertrauen kann.“ Wenn Leader zu ihrem Wort stehen – „Ich werde das umsetzen“ –, gelingen unglaubliche Dinge, die große Unternehmen, Staatsgebilde, Vermögen und Vermächtnisse hervorbringen. Wenn wir integer mit uns selbst umgehen, können wir Revolutionäres bewirken.

Von dem Banker und Philanthropen J. P. Morgan erzählt man sich, jemand habe ihm einmal ein Kuvert unter die Nase gehalten mit den Worten: „Dieser Umschlag enthält eine todsichere Erfolgsformel.“ Morgan erklärte sich bereit, für den Inhalt des Umschlags 25 000 Dollar zu zahlen, falls die Formel ihm zusage. Morgan öffnete den Umschlag, nickte und zahlte die 25 000 Dollar.

Auf dem Papier stand:

1. Notieren Sie jeden Morgen eine Liste der Dinge, die an diesem Tag erledigt werden müssen.
2. Erledigen Sie sie.

---

Wenn wir in Sachen Integrität die Dinge nicht schleifen lassen, können wir Disziplin, Willenskraft und entschlossenes Handeln etablieren – sowohl für uns selbst als auch in unseren Teams. Wenn wir in dem, was wir sagen, integer sind, werden unsere Worte und unsere Welt eins; sie werden zu einer Selbstverpflichtung, einer Willenserklärung, einer schaffenden Kraft. Wir laden unsere Worte mit Optimismus und Möglichkeitssinn, Spannkraft und Entschlossenheit, Bestimmtheit und Autorität auf. Das hilft uns, jeden Rückschlag wegzustecken und uns auf den langen Weg zu machen, der uns wieder nach oben führt. Wer authentisch spricht, gewinnt Autorität, und wird zum Autor seiner eigenen Geschichte.

---

## Erkenne dich selbst

Erst wenn wir uns unsere tiefsten Überzeugungen bewusst machen, erkennen wir, welcher Führungsstil uns entspricht und wie wir leben wollen. Authentizität – das Kennzeichen eines echten Leaders – erfordert zuallererst Ehrlichkeit und Integrität. Ehrlichkeit macht den Blick frei auf die Vision, die wir für uns selbst haben, und gibt uns ein stabiles Fundament, das uns bei Rückschlägen auffängt und stützt. Integrität sorgt dafür, dass das, was passieren soll, auch wirklich passiert. Wenn unsere Überzeugungen und unser Denken, Sprechen und Handeln deckungsgleich sind, werden unsere Worte und unsere Welt eins. Durch gewissenhaftes Handeln reduzieren wir die Reibungsverluste zwischen Denken und Tun. Wenn wir uns selbst kennen, leben wir unsere Vision. Wenn wir zu unserem Wort stehen, wird die Vision Wirklichkeit.

# Erkenne dich selbst

Bleib dir treu.

*He tangata kī tahi.*
Ein Mensch, den man beim Wort nehmen kann.

# XI
# OPFERBEREITSCHAFT

*Ka tū te ihiihi.*
Sei furchtlos und wanke nicht.

CHAMPIONS GEBEN
MEHR ALS HUNDERT
PROZENT
Such dir etwas, für das
du sterben würdest,
und widme ihm dein
Leben.

„Ich saß im Hotel", erzählt der junge Benson Stanley, der kurz vor seinem Debüt bei den All Blacks steht. „Da kam einer der älteren Spieler auf mich zu, tippte mir an die Schulter und stellte mir zwei Fragen, die mich mächtig ins Nachdenken brachten. Die erste Frage lautete: Was habe ich der Mannschaft zu bieten? Die zweite Frage: Zu welchem Opfer bin ich bereit?" Er macht eine Pause. „Ziemlich ernste Fragen." Am gleichen Abend wurden Stanley und ein paar andere Neulinge vor die versammelte Mannschaft zitiert und sollten die beiden Fragen beantworten. Was habe ich zu bieten? Welches Opfer werde ich bringen? Anschließend erklärten einige der erfahrenen Spieler – Richie McCaw, Conrad Smith, Brad Thorn –, was es heißt, ein All Black zu sein, und sprachen von der *legacy*, den Standards und den Spielern, die sich in früheren Zeiten ohne Wenn und Aber in den Dienst der Mannschaft gestellt hatten. Anschließend führte die ganze Mannschaft einen Haka auf, um die Neulinge willkommen zu heißen und herauszufordern. „Von dem Moment an wusste ich: Jetzt kommt's darauf an. Entweder rein oder raus", sagt Stanley. Von diesem Moment an wusste er, dass er ein All Black war.

---

Initiationsrituale „erleichtern den Übergang von einem Zustand in einen anderen", schreibt Joseph Campbell in *Myths to Live By*. Solche Rituale sind psychologische Überleitungen von der Jugend ins Erwachsenenalter, von der Freiheit in die Verantwortung, vom Leben in den Tod. Sie sind ein Prozess des Werdens. „Rituale sind in Szene gesetzte Mythen", sagt Campbell. „Wer an einem Ritual mitwirkt, hat Teil an einem Mythos." Ein Grundmythos der All Blacks ist der Opfergedanke. Alles für die Mannschaft geben, kämpfen bis aufs Blut, die eigenen Knochen riskieren. Alles geben, was du hast. Und noch ein Quentchen mehr.

---

„Champions geben mehr als hundert Prozent", sagt Brad Thorn. Thorn ist alles andere als ein Neuling. Für die Brisbane Broncos absolvierte er mehr als 200 Spiele in der neuseeländischen Rugby League, bevor er zu den All Blacks wechselte, für die er 60 Test Matches bestritt und mit denen er den WM-Titel holte. Geht man nach der Zahl der gewonnenen Titel – und dem erworbenen Respekt –, ist er einer der erfolgreichsten Rugbyspieler aller Zeiten. Wenn er den Mund aufmacht, lassen sich die jüngeren All

Blacks kein Wort entgehen. Als Kind war er nach eigenem Bekunden ein Faulpelz. Sein Vater habe ihm aber ein Motto auf den Weg mitgegeben, das er jeden Tag beherzige:

„Champions geben mehr als hundert Prozent.“

Im Fitnessstudio kommt Thorn als Erster und geht als Letzter. Getreu der erwähnten Maxime legt er nach jeder Übung noch eine Extrarunde ein – ein paar Wiederholungen mehr, zehn Minuten länger, eine zusätzliche Trainingseinheit. „Wenn in einem wichtigen Spiel noch fünf Minuten zu spielen sind, entscheidet die Frage: Welche der beiden Mannschaften ist heißer auf den Sieg? Wer gibt mehr?“

---

Wenn jemand mehr als hundert Prozent Leistung gibt, sagt man im Englischen, der Betreffende „gehe die Extra-Meile“. Daran anknüpfend, lautet eine Redensart: „Auf der Extra-Meile stehen keine jubelnden Zuschauer am Straßenrand.“ Auf der Extra-Meile sind wir auf uns allein gestellt: nur wir und die Straße, nur ich und ein weißes Blatt Papier, nur wir und die Aufgabe, die wir haben. Ganz unabhängig davon, auf welchem Gebiet wir uns der Konkurrenz stellen und ob wir eine Mannschaft, ein Unternehmen oder einfach nur unser Leben führen – die Grundlage für Erfolg auf dem Spielfeld ist die Arbeit, die wir im Verborgenen leisten, wo wir nicht im Rampenlicht stehen.

Viel ist schon geschrieben worden über die Qualen des Langstreckenläufers, die Einsamkeit des Künstlers in seiner Dachkammer und über die Opfer an Zeit, Behaglichkeit, Geselligkeit, Lebensgenuss, die der Schritt vom Gewöhnlichen zum Außergewöhnlichen, von Gut zu Überragend verlangt. Aber nichts bringt besser auf den Punkt, was den Unterschied zwischen Gelingen und Scheitern ausmacht, als das Mantra, das Thorn von seinem Vater mit auf den Weg bekam: Champions geben mehr als hundert Prozent.

Noch eine Geschichte. Sie handelt von einem Vater und einem Geschenk, dass er seinem vielversprechenden Sohn machte. Neville Carter wollte seinem Sohn Daniel zum achten Geburtstag etwas ganz Besonderes schenken. So kam es, dass eines Morgens ein Satz echte Rugby-Torpfosten auf dem Rasen hinter dem Haus auf Daniel warteten. Angestrichen in Blau und Weiß, den Farben von Southbridge, dem heimischen Rugby-Club. „Er blieb stundenlang da draußen hinterm Haus", erzählte Neville dem *New Zealand Herald*. „Jeden Tag nach der Schule und an den Wochenenden." Manchmal flog der Ball in weitem Bogen über das Haus. Dabei ging das eine oder andere Regenrohr, aber nie eine Fensterscheibe zu Bruch. Später holte Dan Carter mehr Punkte als jeder andere Spieler in der Geschichte des Test-Rugby. Champions geben mehr als hundert Prozent.

Als sie ungefähr 13 Jahre alt waren, eröffneten die Brüder Ben und Owen Franks ihrem Vater Ken, dass sie All Blacks werden wollten. Diesen Satz bekommt in Neuseeland so gut wie jeder Vater irgendwann von seinem Sohn zu hören, aber Ken, der als Personal Trainer arbeitete, nahm den Wunsch der beiden ernst. „Es war nicht so, dass wir sie als Eltern zu irgendetwas gedrängt haben", sagt er. „Der Impuls muss von dir selber kommen, und das war bei den beiden der Fall. Im ersten Schritt legten wir ein paar Etappenziele fest. Wo wollt ihr in einem Jahr, in fünf Jahren stehen? Und wo wollt ihr in sechs Monaten, in einem Monat, in einer Woche stehen? Wo wollt ihr morgen stehen?" „Wir meldeten sie im Fitnessstudio an", berichtet Ken weiter, „damit sie sich die körperlichen Grundlagen aneigneten. Als sie 18 waren, konnten sie mehr Gewichte stemmen als die damals aktiven All Blacks." Heute sind die beiden Brüder die Props – die Pfeiler – im Gedränge der All Blacks. „Alles, was sie anpacken, machen sie mit großer Intensität. Das ist Bens und Owens Ding, in das sie alles investieren. Sie ruhen sich nicht auf ihren Lorbeeren aus, sondern arbeiten immer weiter an sich, um noch perfekter zu werden." Wenige Wochen nach dem WM-Sieg ließ Ben einen Trainer aus den USA einfliegen und sagte zu ihm: „Das und das und das sind meine Schwachpunkte, an denen ich arbeiten muss." Champions geben mehr als hundert Prozent.

1986 bestritt Buck Shelford als Kapitän der All Blacks ein Test Match gegen Frankreich, das als „Schlacht von Nantes" in die Geschichte einging. Eine brutal geführte Partie, in der auch Blut floss. Das Spiel lief noch nicht sehr lange, als ein französischer Spieler mit seinem Schuh Shelfords Hodensack erwischte und aufriss. Ein Hoden soll heraushangen haben. Er humpelte zur Seitenlinie und ließ sein Skrotum von einem Sanitäter nähen, ohne Betäubung. Anschließend ging er wieder aufs Feld und spielte weiter. Später wurde Shelford ausgewechselt, aber nicht wegen der Hodenverletzung, sondern wegen einer Gehirnerschütterung. Auch zwei Zähne hatte er eingebüßt. Ein besonders drastisches Beispiel für den Schneid der All Blacks – nie aufgeben, sein Blut für die Mannschaft vergießen, sich aufopfern. Im wahrsten Sinne des Wortes „seine Eier hinhalten". Champions geben mehr als hundert Prozent.

Dieser Grundsatz gilt in jedem Sport. Das zeigt zum Beispiel die Geschichte des Sportschützen Károly Takács, der bei den Olympischen Spielen 1936 nicht antreten durfte, weil sich im Vorkriegsungarn nur Offiziere für Olympische Spiele qualifizieren konnten. Er ließ sich nicht entmutigen und nahm die Spiele von 1940 ins Visier. 1938 verlor er seine rechte Hand – seine Schusshand – durch eine Handgranate. Er schulte auf die linke Hand um, aber 1940 und 1944 fielen die Olympischen Spiele wegen des Zweiten Weltkriegs aus. Erst 1948 konnte der inzwischen 38-jährige Takács an den Spielen teilnehmen, gewann als rechtshändiger Schütze, der mit der linken Hand schoss, die Goldmedaille und stellte einen neuen Weltrekord auf. Champions geben mehr als hundert Prozent.

Und der Grundsatz gilt außerhalb des Sports. Der Autor Hunter S. Thompson, damals junger Journalist beim *Time Magazine*, schrieb Wort für Wort den Text von Scott Fitzgeralds *Der große Gatsby* und Hemingways *In einem anderen Land* ab – und zwar gleich zweimal. Sein Freund Johnny Depp verriet dem *Guardian*, was Thompson dazu veranlasst hatte: „Er wollte wissen, wie es sich anfühlt, wenn man ein Meisterwerk schreibt." Später schuf Thompson das neue Textgenre „Gonzo", das die Objektivität des Journalismus mit der Subjektivität des Romanciers kombinierte. Inzwischen gilt Thompson als einer der genialsten Schriftsteller, die Amerika im 20. Jahrhundert hervorgebracht hat. Champions geben mehr als hundert Prozent.

Walter Isaacson berichtet in seiner Biografie *Steve Jobs*, dass der Apple-Gründer die Platine des Apple II verwarf, weil er die Speicherchips hässlich fand. „Alles zu dicht gedrängt." Er wollte unbedingt die Startzeit des frühen Macs verkürzen, denn er hatte ausgerechnet, dass man bei fünf Millionen Nutzern auf diese Weise pro Jahr „mehr Zeit spart als etwa einhundert Menschenleben". Als Jobs später ein Werk in Kalifornien baute, ließ er die Fabrikhalle weiß anstreichen, weil er auf Reinheit und Perfektion aus war.

„Es soll so schön sein wie möglich“, sagte er, „auch wenn es im Gehäuse verborgen ist. Ein guter Schreiner wird für die Rückseite eines Schranks auch kein schlechtes Holz verwenden, nur weil sie niemand sieht.“ Als Jobs starb, war Apple das wertvollste Unternehmen der Welt. Champions geben mehr als hundert Prozent.

„Was bedeutet Opferbereitschaft für euch?“ Diese Frage stellt Andrew Mehrtens den Mannschaften, die er trainiert. „Opferbereitschaft ist in einem Team das A und O. Jeder muss die eigene Komfortzone verlassen. Mehr als hundert Prozent geben; mehr geben als verlangt; Aufgaben der anderen zusätzlich mitübernehmen. ‚Trainiere härter als alle Spieler, die keine All Black sind‘, sagten wir immer.“

„Was ist für dich das Wichtigste im Leben?“, fragt Sean Fitzpatrick. „Wenn man diese Frage Geschäftsleuten oder Sportlern stellt, antworten die meisten, dass für sie die Familie an erster Stelle und die Arbeit an zweiter Stelle stehe. Aber wenn sie einen Moment länger in sich gehen, geben sie zu: ‚Naja, das stimmt eigentlich nicht so ganz. In Wahrheit steht die Arbeit an erster und die Familie an zweiter.‘ Kann sein, dass man dann zu sich selbst sagt: ‚Was bist du nur für ein schrecklicher Kerl – das ist ja gruselig‘, aber wenn du der Weltbeste werden willst, musst du diesem Ziel alles andere unterordnen – und immense Opfer bringen.“

---

Noch eine Geschichte. Man nannte ihn „den berühmtesten Mann im britischen Weltreich“: David „Dave“ Gallaher war 1905 Mannschaftskapitän der Original All Blacks (auch die „Originals“ genannt) und gilt als „Vater der Rugbykultur der All Blacks“. Sein Team hatte einen grandiosen und unbändigen Stil, es bestritt 25 Spiele und musste sich nur einmal geschlagen geben – das allerdings unter umstrittenen Umständen. Bis heute wird behauptet, die walisischen Spieler hätten Bob Deans, der sich anschickte, einen Versuch zu erzielen, von der Linie zurückgerissen, ehe der entkräftete Schiedsrichter den Ort des Geschehens erreichte. Diese Ausnahmemannschaft erzielte 747 Punkte und ließ nur 53 zu. Mit ihr begann die *legacy* der All Blacks.

Noch heute legen die All Blacks, wenn sie sich auf ihre herbstliche Länderspielreise nach Europa begeben, gelegentlich einen Zwischenstopp an einem kleinen Friedhof in Frankreich ein, um ihrem Ahnen die Reverenz zu erweisen. Die Grabstelle Nr. 32513 auf dem Nine Elms British Cemetery unweit von Ypern ist mit dem silberfarbenen Farnblatt und dem Namen Dave Gallaher versehen. Gallaher wurde am 4. Oktober 1917 bei einem Angriff nahe der Ortschaft Gravenstafel von einem Granatsplitter getroffen und starb noch am gleichen Tag. Er wurde 43 Jahre alt. Der Krieg macht keine großen Unterschiede. Ein italienisches Sprichwort sagt: „Nach dem Schachspiel finden sich König und Bauer in derselben Schachtel wieder." „Ein Effekt dieser Besuche ist, dass du dich selbst nicht mehr allzu wichtig nimmst", erläutert Andrew Mehrtens die kleine Wallfahrt. „Du bist Teil von etwas, das viel größer ist als du. Und wenn du Rugby spielst und das Gefühl hast, das von dir krasse Opfer verlangt werden, ist es ganz gut, wenn du dir vor Augen führst, dass es jede Menge Leute gibt, die sehr viel mehr geopfert haben als du."

Ganz gleich, was wir zu unserem Lebensinhalt machen – ein Unternehmen oder ein Vorhaben, eine Familie oder einen Sport, ein politisches Anliegen, die Kunst oder eine Überzeugung: Immer bringen wir dafür Opfer. Ob wir nun eine Stunde oder einen Tag oder eine ganze Lebensspanne dafür opfern – wir geben unser Leben.

Jeder Tag, an dem wir zur Arbeit gehen, jede langweilige Besprechung und alles, was wir für Geld oder aus Pflichterfüllung tun, die ganze Zeit, die wir totschlagen – für all das geben wir unser Leben. Vor diesem Hintergrund sollte das, was wir tun, auf jeden Fall der Mühe wert sein. Der Psychologieprofessor Steven Pinker schreibt: „Weisheit besteht darin, dass wir erkennen, wie kostbar und begrenzt unsere eigene Existenz ist, und deshalb diese Existenz nicht vergeuden." „Wir bekommen nicht die Chance, allzu viele Dinge zu tun", sagt Steve Jobs, „und jede einzelne Sache sollte wirklich exzellent sein. Denn das ist unser Leben. Das Leben ist kurz und dann stirbt man. Also sollte das, was wir mit unserem Leben anfangen, verdammt gut sein. Es sollte der Mühe wert sein." Stephen Covey empfiehlt, sich vor Augen zu führen, was am Ende steht. Sprich: Jeder sollte sich einmal seine eigene Beerdigung vorstellen. Wer wird sich dort einfinden? Was werden die Hinterbliebenen nach unserem Weggang über uns sagen? Was wird unser Leben ihnen bedeuten? Werden sie Tränen vergießen? Wer das für makaber hält, irrt sich. Es bedeutet, zu spüren, dass die Zeit drängt und wir uns sofort ans Werk machen sollten –

und ein gewisses Maß an Dringlichkeit und „Sofortigkeit" im eigenen Leben ist etwas Positives. Wenn wir ein Leben *führen* sollen, ja wenn wir überhaupt irgendetwas oder irgendjemanden *führen* sollen, sollten wir wissen, wohin die Reise geht – und warum. Champions geben mehr als hundert Prozent. Champions suchen sich eine Sache, für die sie zu sterben bereit sind. Dann weihen sie dieser Sache ihr Leben.

---

### Champions geben mehr als hundert Prozent

Das Motto „Champions geben mehr als hundert Prozent" ist der Aufruf an uns, aus eigenem Antrieb die zusätzliche Anstrengung, das Extra-Opfer auf sich zu nehmen, die es braucht, wenn man etwas Außergewöhnliches zustandebringen will.

Was auch immer wir im Leben tun – wir geben unser Leben dafür. Deshalb sollten wir sichergehen, dass das, was wir tun, unser Leben wert ist. Wer die Zeit totschlägt, begeht Selbstmord auf Raten. Wofür sind wir unser Leben zu geben bereit? Was für ein Leben wollen wir als *Führende führen*? Der erste Schritt besteht darin, dass wir mehr als das Nötige tun: die Extra-Trainingsrunde im Fitnessstudio, die Zusatzladung Schwerstarbeit, der Extra-Spurt, die zusätzliche Anstrengung. Man denke an Buckminster Fullers Worte: „Was ist meine Aufgabe auf diesem Planeten? Was gibt es, das getan werden muss, womit ich mich ein bisschen auskenne und das wahrscheinlich nicht geschehen wird, wenn ich es nicht in die Hand nehme?" Was ist das „Extra", das uns zu außergewöhnlichen Menschen macht?

# Champions geben mehr als hundert Prozent

Such dir etwas, für das du sterben würdest, und widme ihm dein Leben.

*Kaua e mate wheke, mate ururoa.*
Stirb nicht wie ein Oktopus. Stirb wie ein Hammerhai.

# XII
# SPRACHE

*Taringa whakarongo.*
Lass deine Ohren hören.

ERFINDE DEINE
EIGENE SPRACHE
Singe deine Welt ins
Dasein.

1999 beschlossen John Kirwan und Sean Fitzpatrick, ein Buch zu schreiben. Die Standards waren ins Rutschen geraten. Die Resultate auch – die All Blacks hatten fünf Spiele nacheinander verloren. Das kurz zuvor in den Ruhestand gewechselte Duo spürte, dass niemand die Prinzipien des Teams weitergab. Sie beschlossen, aktiv zu werden. Ihr Buch wurde „The Black Book" getauft und war nur für die Augen der All Blacks bestimmt. Wer gegen diese Geheimhaltungsregel verstieß, dem drohte mehr oder weniger der Rauswurf. Für eine gewisse Zeit wurde das Buch zur Mannschaftsbibel. In Form von Merksätzen prägt das darin gesammelte Wissen die Kultur der All Blacks bis heute mit.

- Keiner ist wichtiger als die Mannschaft.
- Gib das Trikot an einem besseren Ort wieder ab.
- Lebe für das Trikot. Stirb für das Trikot.
- Gut zu sein, reicht nicht. Es geht darum, überragend zu sein.
- Gib im Spiel alles.
- Das Trikot ist nicht das Entscheidende. Der Mann im Trikot ist das Entscheidende.
- Einmal ein All Black, immer ein All Black.
- Leg dich mehr ins Zeug als alle All Blacks vor dir.
- In den Bauch – nicht in den Rücken.
- Es ist eine Ehre, kein Job.
- Gib dein Blut für das Trikot.
- Hol alles aus dir raus – oder hau ab.

Fitzpatrick nennt in seinem Buch *Winning Matters* das Black Book „ein Sinnsystem, das jeder verstand – eine Sprache und ein Vokabular und ein Fundament von Grundüberzeugungen, die die Gruppe zusammenschweißten". Nicht jeder hielt das Buch für nötig. „Zu meiner Zeit brauchte man so etwas nicht aufschreiben", gab ein alter Haudegen zu Protokoll. In der Tat waren die All Blacks nie eine Schriftkultur. Das Glaubenssystem der All Blacks – ihr Ethos – wurde von Spieler zu Spieler, von Mannschaft zu Mannschaft und von Generation zu Generation weitergegeben, und zwar in mündlicher Form und indem es vorgelebt wurde. Sinn, Rituale, Geschichten, Helden – alles fügte sich durch eine gemeinsame, heilige Sprache zu einem Ganzen. Eine mündliche Kultur. Eine gemeinsame Geschichte.

---

Daniel Kahneman wirbt in *Schnelles Denken, langsames Denken* für die Kraft von Geschichten. Geschichten können unser Leben verändern und prägen, oftmals auf unmerkliche Art und Weise. Sie müssen sich übrigens nicht wirklich zugetragen haben, um real zu sein. Kahneman erzählt, wie er auf einer Autofahrt einmal neben einem Bus zum Stehen kam. Tags zuvor war ein Terroranschlag auf einen Bus verübt worden. Rational war ihm klar: Dass heute schon wieder ein Anschlag verübt wird, ist extrem unwahrscheinlich, ja mehr oder weniger ausgeschlossen. Sein emotionales Gehirn flüsterte ihm allerdings etwas anderes ein und wollte unbedingt sofort weg. Auch wenn wir Lotto spielen, erzählen wir uns selbst eine Geschichte: Wir wissen genau, dass unsere Gewinnchancen gleich null sind, und trotzdem malen wir uns in Gedanken aus, was passiert, wenn wir doch die Million gewinnen. Von der Wahrheit lässt sich eine gute Geschichte nicht beeindrucken.

> Leader sind Geschichtenerzähler. Alle erfolgreichen Unternehmen entstehen aus einer mitreißenden Geschichte heraus. Sie ist der ordnende Grundgedanke, der den Mitarbeitern hilft zu verstehen, wofür sie stehen und warum sie dafür stehen.

Ob wahr oder nicht – durch Geschichten verstehen wir das Leben und begreifen, wo unser Platz darin ist. Wir sind „Sinnerzeugungsmaschinen", die eine Abfolge von Geschehnissen durch Interpretation und Uminterpretation in eine narrative Form umwandeln und nach Belieben neu zusammensetzen. Als Kinder lernen wir durch Geschichten den Unterschied zwischen Falsch und Richtig, Gut und Böse, Loyalität und Liebe. Geschichten formen unsere Vorstellungen davon, wie das Leben ist, sein sollte und sein könnte. Wenn wir erwachsen sind, helfen uns Geschichten – die Werbebranche, die Filmindustrie, Romanschriftsteller, Journalisten und Politiker wissen es nur zu gut – bei unserem Bemühen, zu verstehen, wer wir sind, was wir wollen, wofür wir stehen, was wir ablehnen und warum wir etwas Bestimmtes tun.

Die Geschichten, die wir mit dem Medium Sprache erzählen, „singen" heute wie eh und je „unsere Welt ins Dasein", wie es in Chatwins

Roman *Traumpfade* heißt. In *... trotzdem Ja zum Leben sagen* schreibt Victor Frankl: „Die Sinnsuche ist die bewegende Kraft schlechthin" – und Geschichten sind unsere Methode, Sinn in unserem Leben herzustellen und zu finden. Wir sollten, so empfiehlt Frankl, „den Menschen herausfordern, indem wir ihm einen möglichen Sinn aufgeben, den er erfüllen soll." „Man sollte keinen abstrakten Lebenssinn suchen", meint Frankl, „da jeder Mensch eine andere Aufgabe hat", sagt er. „Jeder hat eine bestimmte Berufung oder Mission im Leben, die er erfüllen soll. Eine konkrete Aufgabe, die erledigt werden will." Unser Job als Leader ist es, diese „konkrete Aufgabe" zu formulieren. Ob die Aufgabe darin besteht, „die beste Rugbymannschaft aller Zeiten" oder ein „Great All Black" zu werden oder eine „Delle im Universum" zu hinterlassen – immer wird sie sprachlich formuliert und als zukünftige Erinnerung imaginiert. Wie Kevin Roberts sagt: „Revolutionen fangen mit Sprache an." Für Leadership nach dem Vorbild der All Blacks ist entscheidend, wie wir diese Geschichte erzählen und dass wir unseren Mitarbeitern mit den Mitteln der Sprache helfen, „sich mit ihrem Wesenskern zu verbinden". Unsere Instrumente sind Werte, Worte, Leitsätze, Mantras und Metaphern.

## Werte

„Demut, Ehrlichkeit, Integrität, Respekt", sagt Sean Fitzpatrick. „Mit diesen Wörtern arbeite ich. Aber ich sage zu mir selbst und zu den Menschen, die ich vor mir habe: ‚Diese Wörter sollte man eigentlich gar nicht brauchen, sie sollten sich von selbst verstehen.'" „Werte können wir nicht lehren", schreibt Frankl, „Werte müssen wir leben." Das heißt nicht, dass man nicht an ihnen arbeiten, sie inhaltlich näher definieren und in einem lebenden Dokument fassen kann, das dann Entscheidendes bewirkt. Während Fitzpatrick und Kirwan mit ehemaligen All Blacks sprachen, um herauszufinden, worin für sie der tiefere Sinn ihres Tuns bestand, arbeiteten Saatchi & Saatchi gemeinsam mit der New Zealand Rugby Union daran, die Werte zu definieren, die den Markenkern der Mannschaft ausmachen. Nach langen Beratungen kristallisierte sich ein Katalog von Wörtern heraus, zu denen unter anderem die Begriffe Neuseeland, Siegen, Kraft, Männlichkeit, Einsatz, Teamwork, Tradition und Inspiration gehörten – und drei Wörter, die für die All Blacks zentrale Bedeutung annehmen sollten:

- Demut
- Spitzenleistung
- Respekt

Heilige Werte sind bekanntlich die Bollwerke, auf denen die erfolgreichsten Organisationen der Welt errichtet werden. Zum Beispiel Glaube, Liebe, Hoffnung oder – am anderen Ende des Spektrums – die Werte des United States Marine Corps:

- Ehre
  Integrität und Verantwortung.
- Mut
  Tu das Richtige. Tu es richtig und tu es aus den richtigen Gründen.
- Einsatz
  Opferbereitschaft für das Corps und meine Mit-Marines.

Die Grundwerte der Marines werden jedem Rekruten in Form einer roten Karte ausgehändigt, die er jederzeit bei sich tragen soll. „Ich habe sie mir aufs Herz tätowieren lassen", sagt ein Marine. „Als Marines werden wir an höheren Standards gemessen", sagt ein anderer. Wenn man für etwas stirbt, sollte man wissen, wofür man stirbt.

Den neuen Prototyp des wertebasierten und zielorientierten Unternehmens dürfte Apple verkörpern. In den frühen Jahren des Unternehmens (so berichtet Walter Isaacson in seinem Buch Steve Jobs) schrieb Mike Markkula das Manifest „The Apple Marketing Philosophy", in dem die Werte des Unternehmens definiert werden.

Empathie
Wir werden die Bedürfnisse der Kunden besser verstehen als jedes andere Unternehmen.
Fokus
Um erfolgreich zu sein, müssen wir unsere Bemühungen darauf konzentrieren, unsere Hauptziele zu erreichen. Dafür müssen wir uns von allen unwichtigen Geschäftsmöglichkeiten trennen.

Entsprechung
Menschen beurteilen ein Buch nach seinem Umschlag. Auch wenn wir vielleicht das beste Produkt, die beste Qualität, die nützlichste Software anzubieten haben – nur, wenn wir sie auf vergleichbar kreative, anspruchsvolle Weise präsentieren, wird diese Qualität für die Kunden wahrnehmbar.

Wer einmal eine Produktverpackung von Apple geöffnet, eine Apple-Benutzeroberfläche erlebt, die Lust auf ein Apple-Produkt gespürt oder Apple-Aktien gekauft hat, weiß, was für eine starke Wirkung diese Werte entfalten.

Demut ist nicht gerade die Qualität, die einem als Erstes in den Sinn kommt, wenn man an eine Mannschaft hartgesottener Weltmeister denkt. Dennoch gehört Demut neben Spitzenleistung und Respekt zu den zentralen Grundwerten der All Blacks. Demut erdet die Mannschaft, weckt die Neugier, fördert gegenseitige Anerkennung und lässt eine Verbundenheit entstehen, die die Mannschaft trägt, wenn es auf dem Spielfeld hoch hergeht. Diese Qualität, die nicht so einfach durchzuhalten ist, strahlen die All Black auf Schritt und Tritt aus: Demut ist ein fester Teil ihrer Geschichte.

**Unternehmen, die ihren zentralen Werten treu bleiben, erarbeiten sich ein Alleinstellungsmerkmal, mit dem sie sich von anderen Unternehmen abheben, und stehen für etwas.**

„Wenn du deine Werte und deine Ziele festgelegt hast“, sagt Wayne Smith, „musst du beides jeden Tag leben.“ Damit die Werte und die Geschichte miteinander verschmelzen, müssen die Leader sie in konkretes Handeln umsetzen. Bei den All Blacks heißt das zum Beispiel, dass die Spieler die Kabine fegen, Autogramme geben, im Rugby Club zusammenkommen, sich für wohltätige Zwecke engagieren, Verbindung zu ihrem Umfeld halten, Krankenhausbesuche machen – all diese einfachen Dinge, die Teamsein ausmachen. Erfolgreiche Kulturen sind organisch und anpassungsfähig. Sie verändern sich fließend an der Oberfläche, während dicht darunter ein festes Grundgestein aus Werten existiert, das von der Strömung glattgewaschen wird, aber keinen Millimeter nachgibt. „Es ist als großer Erfolg anzusehen, dass uns das gelungen ist“, sagt Smith. „Wir waren richtig gut darin, unsere Teamsitzungen, unsere Nachbesprechungen, unsere Schlachtpläne allesamt auf diese, unsere Geschichte zu beziehen." Erst formen wir unsere Werte – dann formen unsere Werte uns.

## Worte

In Kapitel VII haben wir den Florida-Effekt und den Bahnungseffekt kennengelernt und gelesen, dass Sprache, die von außen auf uns einwirkt, einen unbewussten Einfluss darauf hat, wie wir die Welt erleben. Werbeagenturen wissen das zu nutzen – das Wort „neu" in einer Broschüre weckt besonderes Interesse beim Leser. Der Hinweis „Nur für kurze Zeit erhältlich" steigert die Nachfrage enorm.

Wie andere Organisationen, die auf Hochleistung ausgerichtet sind – etwa die Marines, die Red Arrows oder Apple – haben auch die All Blacks ein geradezu obsessives Verhältnis zur Prägekraft der Sprache.

- Überragend
- Präzision
- Klarheit
- Weltklasse
- Glühen. Heute glühen wir.

Als Wayne Smith nach seiner Zeit bei den All Blacks zu den Chiefs wechselte, wirkte er federführend an einer neuen Sprache in der Mannschaft mit. „Wir etablierten nach und nach einen Wortschatz, eine Mentalität und eine Haltung", berichtet er. *Māoritanga* wurde zum festen Bestandteil des allgemeinen Sprachgebrauchs im Team. Für Angriff verwendete man das Wort *paoa*, das „schlagen" bedeutet, und für Verteidigung das Wort *tainui*, was so viel wie „anschwellender Strom" heißt. Als Saisonvorbereitung unternahm die Mannschaft eine Wanderung auf den Spuren der einheimischen Maori-Stämme und folgte dem Weg, den diese Stämme zurücklegten, als sie einst die Nordinsel besiedelten. Eine anstrengende, schweißtreibende Expedition. Die lebhafte, metaphernreiche Sprache war der erste Schritt auf dem Weg zu einer Rugby-Revolution. Worte können Revolutionen auslösen.

## Leitsätze und Mantras

Das Black Book zeigt, dass Leitsätze und Mantras im mentalen Fahrplan der All Blacks eine zentrale Rolle spielen. Die sprachlich gefassten Erfahrungskonzentrate schlagen eine direkte Brücke zu den Überzeugungen der Mannschaft und bringen Standards und Erwartungen in knappen Formeln auf den Punkt. In ähnlicher Weise bringen auf dem Campus im kalifornischen Cupertino Sätze und Formulierungen die Philosophie von Apple zum Ausdruck:

- Bleib hungrig und tollkühn.
- Warum zur Marine gehen, wenn man Pirat sein kann?
- Wahnsinnig toll.
- Denke das Andere.
- Klick. Bumm. Fantastisch.

Sogar die Adresse der Unternehmenszentrale atmet den Geist von Apple: *One Infinite Loop.* Endlosschleife.

Auch die Marines bringen ihre Philosophie in Leitsätzen und Mantras auf den Punkt:

- Einmal Marine, immer Marine.
- *Ductus Exemplo* – Geh mit gutem Beispiel voran.
- Das Richtige tun.
- An höheren Standards gemessen.
- Erste im Kampf.
- Was auch immer die Nation von uns verlangt.
- *Semper Fidelis* – Immer treu.

Eines haben diese Elite-Teams und Top-Organisationen alle gemeinsam: Sie verwenden kluge, prägnante und eingängige Formulierungen mit hohem Wiedererkennungswert, um den Kern ihrer Einstellung zu definieren und zu transportieren. Das ist keine leere Phrasendrescherei – wenn man es richtig macht, sind diese Sentenzen mit ihrem komprimierten Gedankengehalt eines der wirksamsten Führungsinstrumente. Sie tragen dazu bei, Unternehmen, Länder und Kulturen auf einen Wesenskern auszurichten. Genau das leisten Unternehmensslogans wie:

- *Just Do It*
- *Nothing is impossible*
- *Impossible is Nothing*
- *The Power of Dreams*
- *Think*
- *Invent*

Sie halten den Charakter des Unternehmens in einem Satz fest, verändern mit einer treffenden Formulierung das Bewusstsein, destillieren die Essenz und fangen sie in wenigen Worten ein. Die besten Teams – die All Blacks, Apple, die Marines, Nike, Honda, Adidas – nutzen die Kraft solcher Leitsätze und Mantras, um jeden Tag aufs Neue über ihr Ethos zu reflektieren, es sich in Erinnerung zu rufen und neu aufzuladen. Kluge Leader tun gut daran, diesem Beispiel zu folgen. Worte können Revolutionen auslösen.

### Metaphern

Das Wort „Metapher" hat seinen Ursprung in dem griechischen Wort *metaphora. Meta* bedeutet „über" oder „hinüber", und *pherein* bedeutet „tragen". Eine Metapher ist ein sprachliches Bild, in dem ein Wort oder eine Wortfolge auf etwas übertragen wird, auf das man dieses Wort oder diese Wortfolge nicht in einer buchstäblichen Bedeutung beziehen kann. Die Bedeutungsübertragung erfolgt durch einen Gedanken, der die Bedeutung gleichzeitig auch transformiert.

Metaphern sind ein wirkungsvolles und oft unterschätztes Führungsinstrument. Manche sehen in Metaphern gar die Basis für unser Weltverständnis. Wenn wir Friedrich Nietzsche glauben, ist Sprache grundsätzlich metaphorisch: „In welcher seltsamen Vereinfachung und Fälschung lebt der Mensch!" Für Nietzsche sind die Wörter und die Sprache von dem, was sie beschreiben, durch eine Kluft getrennt. Sie sind eine Analogie zur Wirklichkeit, ein Ab-Bild. „Wir besitzen doch nichts als Metaphern der Dinge", schreibt er, „die den ursprünglichen Wesenheiten ganz und gar nicht entsprechen." Selbst wenn es, was Nietzsche für möglich hält, eine metaphysische Welt – eine Substanz der Wirklichkeit – gibt, könnten wir sie nicht verarbeiten und verstehen und versuchen deshalb, mithilfe von Sprache, Metaphern und Geschichten etwas zu begreifen. In Metaphern erkennen wir uns selbst in Geschichten wieder, und verleihen einem Narrativ, das von einer größeren Gemeinschaft geteilt wird, persönliche Bedeutung. Metaphern rufen eine intuitive Reaktion hervor und zwingen uns, Bedeutung neu zu denken. In diesem Sinne kann man ganz buchstäblich sagen: Wir *erkennen wieder*.

Dass das Denken seinem Wesen nach metaphorisch ist, muss man sich klarmachen, wenn man verstehen will, was den Menschen in seinem Handeln antreibt. „Es sind die Metaphern, die unsere Perspektiven oder Analogiebildungen überhaupt erst hervorbringen", sagt der amerikanische Literaturtheoretiker Kenneth Burke. „Eine Welt ohne Metaphern wäre eine Welt ohne Sinn." „Es ist bei Weitem das Wichtigste", schreibt Aristoteles in seiner Poetik, „dass man Metaphern zu finden weiß. Denn dies ist das Einzige, das man nicht von einem anderen erlernen kann, und ein Zeichen von Begabung. Denn gute Metaphern zu bilden bedeutet, dass man Ähnlichkeiten zu erkennen vermag."

Auch hierzu gibt es eine Geschichte: Als Wayne Smith an einem Novemberabend in London im Theater saß, lief sein Gehirn auf Hochtouren und er brütete fieberhaft über etwas. Nach dem Ende der Vorstellung eilte Smith zurück ins Hotel und schrieb es auf.

## Die Geschichte vom Schwarzen Tod

„Mein Gedanke war: Ich muss die Nummern von den Trikots ablösen und sie auf einen schwarzen Hintergrund legen – es sah aus wie die Pest, die über England herfällt. ‚Das ist großartig', dachte ich." Der „Schwarze Tod" wurde zum Spitznamen – und zum komprimierten Bild – für die Verteidigungsphilosophie und die Defensivarbeit der All Blacks. „Die Jungs haben sowohl die Ironie verstanden als auch die Kraft gespürt, die in diesem Bild steckte", sagt Smith, „im Bild von der Pest, die Europa heimsucht und viele, viele Opfer fordert."

> „Der Schwarze Tod brach im vergangenen Jahr zuerst in Asien aus und verwüstete anschließend Europa. Er zerstörte alles, was ihm

in die Quere kam. Die Kleinen, die Kranken, die Langsamen und die Schnellen.
... 366 Test-Match-Minuten, in denen wir keinen Versuch zuließen.
... Die Krankheit, die Europa verwüstete, kehrt nun auf der ganzen Welt zurück.
... Wie wird sie aussehen?
... Schnelles Spiel, Druckaufbau durch Standardsituationen, klare Rollenverteilung ...

„Da entsteht ein Bild im Kopf", sagt Smith. „Das Bild fasst auf den Punkt, was wir in der Verteidigung erreichen wollen: Wir wollen den Gegner überrollen, wie ein Schwarm über ihn herfallen und ihn vernichten. Denn darum geht es bei den All Blacks – aufstehen, sich gegenseitig stützen, den Gegner überrollen und ihm nichts schenken." Die visuelle Metapher, die den Instinkt anspricht, machte es Smith leichter, seine Vision von Defensivarbeit in körperliches Agieren umzusetzen, das Ziel zu „operationalisieren", den Sinn in Praxis zu überführen. Sie war verständlich und einprägsam, sodass die Spieler sie in Drucksituationen parat hatten und anwenden konnten. Dazu ließ sie sich bei vielen Gelegenheiten anbringen: im Training, bei Teamsitzungen, sogar in geselliger Runde. Sie bahnte den Weg zum WM-Titel.

> Geschichten, die auf Werten gründen und eine emotionale Resonanz auslösen, weil sie die Sprache der Gemeinschaft sprechen, und die mit Mantras, Leitsätzen und Metaphern erzählt werden, erleichtern es Leadern, die persönliche Sinnvorstellung ihrer Mitarbeiter mit der Zukunftsvision des Teams zu verbinden.

Für eine Geschichte, die Veränderungen bewirken soll, gibt es vier entscheidende Kriterien.

- Die Geschichte muss glaubwürdig und aussagekräftig sein – laut der Poetik des Aristoteles muss sie über Ethos (Autorität und Verständnis der Materie) und Logos verfügen (rational plausibel sein).

- Die Geschichte muss visuell sein und eine emotionale Wirkung haben. Sie muss die auditiven, visuellen und kinästhetischen Rezeptoren in unserem Gehirn ansprechen. Sie muss unser Herz erreichen und unseren Kopf beeindrucken. Um mit Aristoteles zu sprechen: Die Geschichte muss „Pathos“ haben (gefühlt werden).
- Die Geschichte muss flexibel und „skalierbar“ sein, heißt, sich am Lagerfeuer ebenso gut erzählen lassen wie am Konferenztisch. Dafür muss sie mit Alltagssprache und Alltagsvorstellungen arbeiten.
- Die Geschichte muss zweckdienlich sein. Sie soll eine Vision in die Tat, ein Ziel in die Praxis umsetzen helfen, indem sie Bedeutung von einer Sphäre auf eine andere Sphäre überträgt: von „deiner Welt“ auf „meine Welt“, zwischen dem „Führenden“ und dem „Geführten“.

Ob visuell oder verbal, ob Leitsatz, Mantra oder Metapher – Sprache löst Revolutionen aus.

---

### Erfinde deine eigene Sprache

Starke Kulturen brauchen ein Sinnsystem, das jeder versteht, sowie eine Sprache und Worte, die in der Gruppe Verbundenheit herstellen. Diese Geschichte muss im Wertefundament der Gruppe verankert sein, dann bleibt sie glaubwürdig und aussagekräftig. Kluge Leader entwickeln ein eigenes Vokabular, das sie nutzen, um mit bestimmten Wörtern, Formulierungen, Leitsätzen und Mantras kulturelle Normen und Standards in prägnanter Form zu kommunizieren. Im nächsten Schritt lassen sie die Geschichte über möglichst viele Kanäle ihre emotionale Tiefenwirkung entfalten. Auf diese Weise wird die Sprache zum Sauerstoff, den Überzeugungen zum Leben brauchen. So schreiben Leader die Zukunft neu.

# Erfinde deine eigene Sprache

Singe deine Welt ins Dasein.

*He aha te kai o te rangatira. He kōrero, he kōrero, he kōrero.*
Wovon ernährt sich ein Anführer? Von Wissen. Von Kommunikation.

# XIII
# RITUALE

„Wir sind nicht alle Maori. Wir sind nicht alle Polynesier."
Wayne Smith

## RITUALE SCHAFFEN WIRKLICHKEIT
Etabliere eine Kultur.

**Neuseeland gegen Südafrika, Carisbrook, Dunedin, 28. August 2005**
Die Nationalhymnen sind verklungen; auf den Zuschauerrängen kehrt Ruhe ein. Sie wissen: Jetzt kommt's drauf an. Die All Blacks sammeln sich auf dem Spielfeld zu einem Rudel und stellen sich im Bogen auf. Eine einsame Stimme lässt einen Schrei los. Es ist die Stimme von Tana Umaga, dem ersten Mannschaftskapitän der Neuseeländer mit polynesischen Wurzeln. Ein Mann mit großem *mana*.

*Taringa whakarongo!*

„Lass deine Ohren hören."

Wie ein Mann geht sein Team hinter ihm in die Hocke. Umaga stampft mit kraftvollen Schritten voran, streckt die Brust mit dem Silberfarn und dem schwarzen Trikot demonstrativ heraus. Der Gesang geht weiter und baut immer mehr Druck auf.

*Kia whakawhenua au i ahau!*

„Lass mich eins werden mit dem Land!"

Die Mannschaft steigt in das Herausforderungsritual mit ein.

*Ko Aotearoa e ngunguru nei!*

„Das ist unser Land, das poltert."

Die Spieler stampfen Schritt für Schritt voran, richten sich auf und deuten mit ihren Daumen die Geste des Halsdurchschneidens an. Es ist die Geburtsstunde des neuen Haka *Kapa o Pango*. Eine neue *legacy*.

*Au, au, aue hā!*

Das ist unsere Zeit! Unser Augenblick!

Das Spiel gewinnen die All Blacks. 31 zu 27.

---

„Vielen ist gar nicht bewusst, dass wir kurz davor waren, den Haka komplett abzuschaffen", sagt Gilbert Enoka. „Es hat nicht viel gefehlt, und der Haka wäre ein für alle Mal Geschichte gewesen, weil die Verbundenheit auf der Strecke geblieben war und wir gar nicht mehr verstanden haben, was dieser Tanz sollte." Die älteren Spieler sagten: „Die Fernsehkameras halten voll auf unser Gesicht, und jeder hofft, dass es möglichst schnell vorbei ist, damit endlich das Spiel losgeht. Wir machen das sowieso nicht für uns, sondern für die Maori." „Die neuseeländische Gesellschaft hat sich gewandelt", sagt Graham Henry. „Sie besteht nicht nur aus Maori und Europäern. Im Team der All Blacks gibt es Spieler aus Tonga und Samoa, von den

Fidschi-Inseln, es gibt Europäer und Maori. Der neue Haka umspannt diese neue Kultur, und das ist ungeheuer wichtig." „Wir unterhielten uns darüber und sprachen zum Beispiel über die Fidschi-Kultur", sagt er, „oder über die samoanische Kultur. Hinterher gab es samoanisches Essen." Solche Veranstaltungen trugen dazu bei, dass jeder Spieler seine Mitspieler und die „neuseeländische Gesellschaft" besser verstand. „Sie nahmen alles unter die Lupe", sagt Anton Oliver. „Sie wollten wissen, wie wir *legacy* aufbauen können." „Wir standen vor der Aufgabe, Brücken zwischen der Maori-Kultur und der Kultur der pazifischen Inseln zu bauen", sagt Enoka. „Da haben wir uns erst einmal zusammengesetzt und darüber geredet, was es heißt, ein Neuseeländer zu sein, und was es heißt, ein All Black zu sein. Irgendwann verinnerlichten die Spieler das und der Gedanke, dass unsere Vorfahren, unsere *tīpuna*, in dieser Erde ruhen, dass es eine Verbindung zwischen dir und dem Land gibt, die du spürst, wenn du das Trikot überziehst und den Silberfarn auf der Brust trägst, bekam für sie Sinn und persönliche Bedeutung. ... Auf einmal konnten die Fidschianer, Tongaer und Samoaner etwas mit der Idee anfangen, dass das unsere Zeit ist, unser Augenblick. Meine Zeit, mein Augenblick."

Um diese Identitätssuche zu befördern, engagierten Henry, Smith, Hansen und Enoka Derek Lardelli, der nicht nur ein bekannter Meister der Maori-Tätowierkunst *tā moko* ist, sondern auch den traditionellen Tanz der Maori, den *Kapa Haka*, virtuos beherrscht. Außerdem ist Lardelli als Kulturberater, *tohunga* (weiser Mann), Dozent und Künstler tätig. Er setzte sich mit dem Führungsteam zusammen. Gemeinsam dachten sie sich immer tiefer in die Kultur der All Blacks, ihre Vergangenheit und Gegenwart hinein. „Aus diesen Gesprächen", sagt Enoka, „ist der Eröffnungstanz (Haka) *Kapa o Pango* hervorgegangen." „Wir haben mit Metaphern und Sprache gearbeitet", sagt Anton Oliver. „Es war ein großes Wiedererwachen. Das war beeindruckend. Die Verbundenheit mit der Maori-Kultur lebte wieder auf. Mehr noch: Menschen aus den verschiedensten Kulturen wurden zusammengeführt, wurden eins. Die Spieler konnten sagen: ‚Das verstehe ich. Diese Worte sind meine Worte. Sie stehen für das, was ich tue. Das ist mein Land.'" Und die Leistung auf dem Spielfeld? Wenn man die Siegquote zu dieser neuen Identität als Gemeinschaft ins Verhältnis setzt, zeigt sich, dass beides unmittelbar miteinander zusammenhängt. Rituale schaffen Wirklichkeit.

„Eine Kultur“, sagt Owen Eastwood, „ist wie ein Organismus, der stetig wächst und sich verändert.“ Identitätsbildung und Sinnstiftung sind fortlaufende Prozesse, die immer wieder neu in Gang gesetzt werden müssen. „Dieses kulturelle Milieu verändert sich permanent“, stellt auch Anton Oliver fest. „Das ist nichts Statisches.“ „Vertrauensbildung, Persönlichkeitsentwicklung und die Förderung von leistungsorientiertem Verhalten sind Aufgaben, mit denen man nie endgültig fertig ist“, sagt Eastwood. „Rituale spielen eine zentrale Rolle, wenn es darum geht, den emotionalen Zusammenhalt zu stärken.“ „Die Spieler saugen diese Rituale förmlich auf“, sagt Enoka. „Die Kraft der Rituale macht sie stark. Das spart jedes Mal zwei oder drei Stunden Sitzen und Reden.“ Das meint Wayne Smith, wenn er vom Bezug zum zentralen Narrativ spricht, und Enoka meint es, wenn er von Verbundenheit mit dem Wesenskern redet.

**Leader, die ihr Team inspirieren wollen, stellen über Rituale eine Verbundenheit mit dem zentralen Narrativ her und nutzen diese Rituale, um die gemeinschaftliche Identität und das gemeinsame Ziel abzubilden.**

„So wird in der Kultur der All Blacks das Erbe weitergegeben“, sagt Oliver. „Zu einem wesentlichen Teil lebt unsere *legacy* durch Rituale.“ Rituale schaffen Wirklichkeit.

---

Der Haka ist zwar das berühmteste, aber beileibe nicht das einzige Ritual der All Blacks. Sein erstes schwarzes Trikot bekam Jonah Lomu vom legendären John Kirwan überreicht, der vor ihm auf der gleichen Position gespielt hatte. „Du hast es geschafft“, sagte Sean Fitzpatrick. „Du bist ein All Black. Genieß es.“ „Aber das ist nur der erste Schritt“, schob Kirwan nach. „Jetzt musst du noch der beste All Black werden, der je die Nummer 11 getragen hat.“ Rituale schaffen Wirklichkeit.

Wenn die All Blacks zu einem Spiel gegen Wales fahren und auf halber Strecke die Brücke über den Severn passieren, erheben sie sich im Bus von ihren Sitzen und rufen: „Gegen Wales verlieren wir niemals!“ In Cardiff angekommen, begibt sich die Mannschaft ins „Angel“. In diesem Pub geriet Keith Murdoch, der damals auf der Position des Prop spielte, 1972 in eine

Rangelei und wurde daraufhin mit Schimpf und Schande nach Hause geschickt. Kaum in Australien gelandet, verschwand er in den Northern Territories und spielte nie wieder Rugby. „Wir trinken auf den gefallenen Engel", sagt Oliver. „Wir haben einen Mitspieler verloren. Das hätte nicht passieren dürfen. Die Sache war lachhaft. Deshalb zollen wir ihm Anerkennung und die Geschichte wird weitergegeben." Die Geschichte wird weitergegeben.

In einer Ecke des Rugby-Stadions Cardiff Arms Park ruht im Boden ein *tiki*, eine geschnitzte Maorifigur, die die All Blacks dort vergraben haben. Und dann gibt es noch das Initiationsritual, die Flaggen an der Wand, den festen Platz im Bus, Hymnen und Pokale und hundert weitere Mini-Rituale, private und öffentliche: „Diese vielen Kleinigkeiten", sagt Henry, „ergeben in der Summe das *mana* dieser Gruppe von Menschen, die einander respektieren und füreinander spielen." Rituale schaffen Wirklichkeit.

Rituale bilden das zentrale Narrativ ab, rufen es in Erinnerung, stärken es und laden es neu auf – und zwar auf eine vitale Art, die auch den Instinkt anspricht. Von den Aufnahmefeierlichkeiten über die Tradition der Kappen bei Länderspielen, vom Haka bis zur Mannschaftshierarchie – es gibt einen festen Rahmen, der das Werte- und Glaubenssystem trägt. Wenn die All Blacks den Haka tanzen oder im Bus nach Wales aufstehen und ihren Kampfruf loslassen, verbinden sie sich mit etwas, das größer ist als sie selbst. Sie machen sich die Metapher zu eigen und verbinden ihre persönliche Geschichte mit der Geschichte der Mannschaft.

Sport ist – genau wie Wirtschaft und Diplomatie – Kriegführung mit anderen Mitteln: Ein „Kriegertrupp" stürzt sich in die „Schlacht", um sich im „Kampf" gegen einen „Feind" durchzusetzen. Vor diesem Hintergrund ist es nicht überraschend, dass die ritualisierte, symbolträchtige und von Narrativen getragene Kultur der All Blacks für Unternehmen ein Vorbild ist, und auch nicht, dass sich bei Elite-Kampfverbänden wie dem US Marine Corps Parallelen finden. Was für die All Blacks ihr Silberfarn ist, sind für die Marines Adler, Globus und Anker. Wie die All Blacks das schwarze Trikot, tragen die Marines ihre blaue Uniform. Beide folgen der Devise *Improvise, adapt and overcome* – improvisieren, sich auf die Lage einstellen und als Sieger vom Platz gehen. Beide sind in ihrem Metier die Besten der Besten. Rituale, Symbole und Leitsätze sind der Stoff, aus dem Spitzenmannschaften und -organisationen gemacht sind, indem sie die Beteiligten miteinander verweben. Die handelnden Personen kommen und gehen, aber die Rituale bleiben. Sie sind die Struktur, die Werte und Überzeugungen stützt und trägt. Rituale schaffen Wirklichkeit.

Rituale müssen nicht so offen sichtbar sein wie der Haka. Das Öffnen eines Apple-Produkts ist ein Ritual. Auch wer die Zigarrenbinde von einer Montecristo entfernt, vollzieht ein Ritual. Bei Vereidigungen lassen Gerichte auf die Bibel schwören. Zu Weihnachten machen wir Geschenke. Es kommt nicht von ungefähr, dass die vielleicht langlebigste Marke im kurzlebigen Werbegeschäft ausgerechnet Leo Burnett ist. Das bis heute fortbestehende Ritual des Unternehmens entstand am ersten Geschäftstag. Man schrieb den 5. August 1935. Die Große Depression war in vollem Gange. Um den noch unmöblierten Empfangsbereich zu verschönern, stellte jemand eine Schale mit Äpfeln auf den Tresen. „Es wird nicht lange dauern", schrieb ein skeptischer Journalist, „dann wird Leo Burnett Äpfel an der Straßenecke verkaufen, statt sie zu verschenken." Leo Burnett parierte, indem er fortan jedem Besucher seiner Agentur einen Apfel anbot. Mittlerweile verteilt die Agentur weltweit jeden Tag mehr als 1000 Äpfel an ihre Gäste.

Saatchi & Saatchi ließ seine Unternehmensphilosophie „Nothing is impossible" in die steinernen Stufen gravieren, die zum Sitz in der Londoner Charlotte Street führten. Auch das eine Form der Ritualisierung: Dies ist ein Ort, an dem „alles passieren kann". Ähnlich wird man im Stadion des FC Liverpool an der berühmten Anfield Road empfangen. Im Spielertunnel kommen beide Mannschaften an einem Schild „This Is Anfield" vorbei – ein Ritual, das für Heim- und Gästemannschaft natürlich jeweils etwas ganz anderes bedeutet. Durch Rituale werden Werte und Überzeugungen real und greifbar – sie werden verdinglicht. Sie werden verwirklicht.

Ein weiteres Beispiel bietet Lean Six Sigma, eine Methode zur Effizienzsteigerung in Unternehmen, bei der die Unterscheidung von Ausbildungsstufen eine zentrale Rolle spielt, die, angelehnt an den Kampfsport, verschiedene Gürtelfarben haben. Es gibt gelbe, grüne und schwarze sowie die „Master Black Belts". Diese Ritualisierung des Lernfortschritts fördert die Neugier, die Konzentration und den internen Wettbewerb – und sie bildet den Sinn des Projekts ab. Ruft in Erinnerung, stärkt ihn, lädt ihn neu auf.

Ein besonderes Ritual sind auch die Saturday Morning Meetings bei Wal Mart, die es schon so lange gibt wie das Unternehmen selbst – und das sind immerhin fünfzig Jahre. An den Saturday Morning Meetings nehmen mittlerweile Tausende von Mitarbeiterinnen und Mitarbeitern teil, entweder online oder persönlich vor Ort. Ziel ist die Ritualisierung von Wissensaustausch und kollektiver Aufgabe. Bill Clinton, Warren Buffett, Henry Kissinger und Mark Zuckerberg wirkten schon als Gastredner mit. Rituale schaffen Wirklichkeit.

Rituale können unternehmensintern sein – zum Beispiel Casual Fridays, Drinks am Freitagabend, die Weihnachtsfeier. Es gibt auch Gesellschaftsrituale: Mohnblumen im Knopfloch zum Gedenken an Kriegsopfer, Geschenke oder Blumensträuße, das Tragen von Brillanten, die Erfindung des Wortes „Hello" zur Begrüßung beim Abnehmen des Telefonhörers, Weihnachten. Und dann gibt es noch persönliche Rituale: Der ehemalige All Black Frank Bunce zum Beispiel achtete darauf, dass sein Trikot nie den Boden berührte, während ein anderer Ex-All-Black bei jedem Test dieselbe Unterhose trug. Nachdem Neil Armstrong als erster Mensch einen Mondspaziergang unternommen hatte, zwinkerte er jedes Mal, wenn er in den Nachthimmel schaute, dem Mond zu. Bei seiner Beerdigung bat seine Familie die Trauergäste, auf Blumen oder Spenden zu verzichten und stattdessen „dem Mond zuzuzwinkern". Rituale schaffen Wirklichkeit. Groß oder klein, formal oder informell, in der Wirtschaft oder in der Kreativkultur, privat oder im Beruf – bewusst oder nicht – Rituale stellen Sinn immer wieder neu her und transportieren die inneren Werte und Ziele eines Menschen, eines Ortes oder einer Unternehmung.

Auch wenn etliche Rituale irgendwann kaum mehr als solche erkennbar sind, gehen ihr Sinn, ihre Metaphorik und die Geschichte, die sie uns über uns selbst und andere erzählen, nicht verloren. Sie vermitteln weiterhin, dass wir gastfreundlich, kollegial, geeint, großzügig, respektvoll, dem Gedenken verpflichtet, ehrerbietig, engagiert oder verliebt sind. Indem sie in einer Kultur Rituale verankern, können Leader sozusagen deren Geist in eine Flasche füllen und für zukünftige Generationen konservieren. Ein alter Spruch lautet: „Erzähle mir, und ich vergesse. Zeige mir, und ich erinnere. Lass es mich tun, und ich verstehe." Rituale stehen für eine präverbale Sprache, die Erfahrungen verkörperlicht. In Verbindung mit Werten und Worten, Leitsätzen und Mantras, Narrativen und Metaphern, Zeichen und Symbolen bewirken Rituale im wahrsten Sinne des Wortes eine „Verkörperung" des zentralen Narrativs, indem sie es wiederholen. Wenn wir ein Ritual vollziehen, verkörperlichen wir die Werte und Überzeugungen unserer Gemeinschaft und Kultur. Rituale wirken als psychologischer Prozess – sie leiten von einem Zustand in einen anderen über. Sie nehmen uns mit zu einem neuen Ort des Seins. Zu einem neuen Teamsein.

**Rituale erzählen eine Geschichte, binden die Teammitglieder ein und bilden ein Vermächtnis. Rituale verwirklichen das Ungreifbare.**

*Ka tū te ihiihi*
Sei furchtlos und wanke nicht.
*Ka tū te wanawana*
Unser Geist wird triumphieren.
*Ki runga ki te rangi*
Wir werden in den Himmel klettern.
*E tū iho nei, tū iho nei, hī!*
Wir werden den Zenit erreichen, die höchste Höhe!
*Au! Au! Au!*

---

### Rituale schaffen Wirklichkeit

Die All Blacks sind berühmt für ihren Haka, eines der aufregendsten und eigentümlichsten Phänomene in der Welt des Sports. Die Zuschauer lieben den Haka – ebenso wie die Marketingabteilung. Er gehört zum Markenkern der All Blacks. Aber das ist nicht der Grund, warum die Mannschaft den Tanz aufführt. Für die All Blacks ist der Haka ein Mittel, sich mit ihrem ureigenen Sinn und Ziel zu verbinden, mit dem Wesenskern ihrer Kultur in Kontakt zu kommen, ihre Ahnen heraufzubeschwören, damit sie ihnen in ihrem Kampf beistehen, den Gegner einzuschüchtern und mit anderen einen Verbund zu bilden. Leader können Rituale nutzen, um ihre Gegner herauszufordern – und sich selbst: *legacy* zu mehren, Erwartungen zu übertreffen und ihren Werten und Überzeugungen eine konkrete Form zu geben. Sie können ihr Haka-Äquivalent entwickeln und so das Gesamtziel des Unternehmens oder der Organisation mit einem persönlichen Sinn und Zugehörigkeitsgefühl verbinden. Kluge Leader machen sich Gedanken darüber, wie sie „ihr Unternehmen ritualisieren" können, also lebendige Prozesse entwickeln, die ihr Ethos zum Leben erwecken.

# Rituale schaffen Wirklichkeit

Etabliere eine Kultur.

*Au, au, aue hā!*
Das ist unsere Zeit! Unser Augenblick!

# XIV
# WHAKAPAPA

*E tāku mōkai, he wā poto noa koe i waenganui i te wā kua hipa me te wā kei tū mai.*
Du bist nichts als ein Fleck in dem kurzen Moment zwischen zwei Ewigkeiten – der Vergangenheit und der Zukunft.

SEI EIN GUTER AHNE
Pflanze Bäume, die du
nie sehen wirst.

## Das Menschheitsseil

Gilbert Enoka hält ein langes Flachsseil in seinen Händen. Ein schöner und geheimnisvoller Gegenstand, den viele fleißige Hände nach den traditionellen Regeln der Maori-Handwerkskunst geflochten und in bestimmten Abständen mit farbigen Bändern verziert haben. „Diesen Flachs haben Landfrauen an der Ostküste geerntet", erzählt Enoka. „Sie haben ihn gekocht und getrocknet und dann dieses Seil daraus geflochten." Er weist auf verschiedene Details hin. Drei ineinander verflochtene Stränge in Schwarz, Silber und Rot winden sich spiralförmig über die volle Länge um das Seil herum. *Te tōrino haere whakamua, whakamuri*, sagt das Sprichwort. Die Spirale läuft vorwärts und gleichzeitig rückwärts. Dieses Seil ist wie so vieles in diesem außergewöhnlichen Umfeld eine Metapher, die über den Rugbysport hinausweist. Es steht für das menschliche Leben, unsere Verbindung zu Vergangenheit, Gegenwart und Zukunft. „Das ist der Silberfarn, Neuseelands Nationalpflanze", sagt Enoka und zeigt auf den glitzernden Strang. „Hier, das Schwarz ist so dunkel wie unser Erbe und unser Trikot", fährt er fort und streicht mit den Fingern den anderen Strang entlang. „Rot symbolisiert das Blut", sagt er und zeigt auf den roten Strang. „Egal, ob du aus Samoa oder Tokelau oder anderswo kommst – du gehörst dazu, du hast rotes Blut. Es ist in das Schwarz eingewoben." Er zeigt auf die farbigen Schnüre: „Jede Schnur ist ein Skalp", erklärt er. Blau für Argentinien, Purpur für Wales, ein dunkleres Blau für Frankreich, und dann drei rote Schnüre nacheinander. „Da haben wir gegen die British Lions gewonnen." „Wenn wir verlieren", sagt er, „binden wir eine schwarze Schnur an das Seil, denn aus Niederlagen muss man lernen." „Dieses Seil wird immer sichtbar in der Kabine platziert, wo wir auch sind", sagt er und hält es in die Höhe. „Es besteht eine große Verbundenheit mit dem Seil. Eines Tages soll es auf der Farm von Brian Lochore vergraben werden, damit es wieder zu einem Bestandteil des Landes und seines Bodens wird." *Te Taura Tangata* – ein Menschheitsseil. Es verkörpert die Ahnenseele der Mannschaft, verknüpft Vergangenheit, Gegenwart und Zukunft und reicht vom Beginn bis zum Ende der Zeit. Es ist das *whakapapa* der Mannschaft.

---

*Whakapapa* ist Abstammung – unser Platz in der aufsteigenden Ordnung aller Lebewesen. Wörtlich bezeichnet *whakapapa* das Aufschichten von

Felsblöcken, Stein für Stein, bis der Turm von der Erde in den Himmel reicht. Gemeint ist, dass sich unsere Ahnen, unsere Leben, unsere Geschichten und Mythen in einer ewigen Abfolge übereinanderlagern – von den Anfängen bis zur Gegenwart und in die Zukunft hinein. Alles hängt miteinander zusammen – Vorfahren, Spiritualität, Geschichte, Mythologie und *Mana* – alles, was ist, war und sein wird. *Whakapapa* ist ein Prinzip der Maori und der geistige Wesensgrund der All Blacks. „Für mich ist *whakapapa* der vollendete Ausdruck für die Mentalität einer Mannschaft", sagt Owen Eastwood. „Diese Vorstellung der Maori löst bei mir das Bild aus, dass jeder von uns ein Glied in einer Kette von Menschen ist, die niemals abreißt und in der wir uns Arm in Arm von der Entstehungszeit des Stammes – also von unseren ersten Vorfahren – bis zum Ende der Zeiten bewegen. Die Sonne wandert langsam an dieser Menschenkette entlang – das ist das Leben." Und: „Wenn die Sonne dort ankommt, wo wir stehen, leben die Werte, Geschichten, Mythologien und Regeln unseres Stammes in uns auf. Wir leben danach und geben dann alles an den Nächsten in der Kette weiter. Besser kann man Mannschaftsgeist nicht beschreiben."

---

1999 drehte Adidas einen Werbespot, in dem zu Beginn Charlie Saxton, der älteste noch lebende Mannschaftskapitän der All Blacks, im Trikot aus seiner aktiven Zeit in einer alten Umkleidekabine steht. Er zieht sich das Trikot über den Kopf und wird „reinkarniert" als Fred Allen, der berühmte Kapitän und Trainer der All Blacks. Auf diese Weise zeichnet der Spot die Abfolge der Kapitäne bis zu Sean Fitzpatrick und schließlich Taine Randell nach, der Kapitän der All Blacks war, als der Spot entstand. Die Ahnenreihe der Mannschaftsführer. Der Werbespot endet mit dem Satz „The legacy is more intimidating than the opposition" – Das Erbe flößt mehr Ehrfurcht ein als der Gegner. „Es gibt in der Mannschaft einen beliebten Spruch", sagt Graham Henry: „Das Trikot gehört nicht dir. Du bist nur der Körper, der das Trikot im Augenblick ausfüllt." Du hast die Aufgabe, das Erbe weiterzuführen und zu mehren, wenn du die Chance dazu hast. Das aktuelle All-Blacks-Team spielt für die Männer, die vor ihm in dem Trikot gespielt haben. Das ist für alle Mannschaftsmitglieder enorm wichtig."

Sie spielen auch für die All Blacks, die noch gar nicht geboren sind. Vaterschaft ist bei den All Blacks ein wichtiges Thema – die Weitergabe von

Wissen über die Generationen hinweg, Verantwortung für die Zukunft. „Wenn Kinder gut geraten sind, liegt das daran, dass ihre Eltern gut geraten sind“, sagt Sean Fitzpatrick. „Die frechen Biester – ich verallgemeinere natürlich etwas – sind meistens die, denen die lenkende Hand fehlt.“ „Von dir bleibt nicht, was in steinerne Denkmäler graviert, sondern was in das Leben anderer eingewebt wurde.“

> **Leader sind Sachwalter für die Zukunft. Sie machen es sich zur Aufgabe, das Erbe zu mehren.**

*Ubuntu.*

Eine Delle im Universum.

Bei den All Blacks, beim Elternsein, in der Wirtschaft, im Leben geht es darum, „das Trikot an einem besseren Ort wieder abzuliefern“. Und das ist eine Frage des Charakters.

---

„Lasst die Musik nie verklingen“, sagte Jock Hobbs der Mannschaft zum Auftakt der Rugby-Weltmeisterschaft 2011. Jeder wusste von seiner Krebserkrankung. Und jeder wusste, dass es keine Heilung gab. Hobbs wollte etwas vom Geist seiner Generation an die neue Generation weitergeben. Wenige Wochen später überreichte er Richie McCaw eine silberfarbene Kappe anlässlich seines 100. Test-Match-Einsatzes als All Black. Hobbs Erbe bleibt bestehen; seine Musik ist nicht verklungen. Die „Musik“, die die All Blacks und jede gute Führungskultur ausmacht – ein Gleichklang aus Werten, Überzeugungen, Stolz, Respekt, Demut, überragender Leistung, hohen Erwartungen, Mut, Zielstrebigkeit und Opferbereitschaft –, wird von der Vergangenheit an die Gegenwart und von der Gegenwart an die Zukunft weitergereicht in der Form eines einzigen, langen und durchgehenden Lebensstrangs, eines geistigen, emotionalen und spirituellen *whakapapa*.

*Toku toa, he toa rangatira,* heißt es bei den Maori. Mein Mut ist von den Anführern ererbt, die vor mir lebten. Ich stehe aufrecht auf den Schultern von Riesen. Wenn wir diese Vorstellung in die Welt der Schreibtische und Büroräume, in die Welt von PowerPoint und Termindruck übertragen, können *whakapapa* und *legacy* sowie der Gedanke, dass man das Trikot an einem besseren Ort abliefern soll, zu einem wirkungsvollen Führungsinstrument werden. Boeing Commercial Airplanes zum Beispiel hat ein *whakapapa*, das die Welt verändert hat: Mit dem Weg von der 707 des Düsenzeitalters über die 747 und den massenhaften Ferntourismus, die 737 und die Zeit der Billigflieger für die Kurzstrecke sowie die 777 für den globalisierten Fracht- und Passagierverkehr bis zur 787, die trotz anfänglicher Schwierigkeiten neue Dimensionen des emissionsarmen und hocheffizienten Fliegens erschließt, hat Boeing eine „Delle im Universum hinterlassen". Denen, die dafür verantwortlich sind, die Zukunft der Luftfahrt zu entwickeln, flößt dieses Erbe mehr Ehrfurcht ein als die Konkurrenz.

Auch Saatchi & Saatchi ist, wie Kevin Roberts sagen würde, eine *legacy-driven company* – ein Unternehmen, in dem das eigene Erbe ein wesentlicher Antrieb ist. Von Anfang an hat dieses Unternehmen die Idee der Werbeagentur neu definiert, und Roberts sieht seine Aufgabe darin, dieses Erbe weiterzuführen und zu mehren. Auch für Saatchi & Saatchi gilt, das eigene Erbe flößt mehr Ehrfurcht ein als die Konkurrenz.

Die Entwickler bei Apple wachen jeden Morgen mit dem Erbe von Steve Jobs, iMac, iPod, iTunes, iPhone und iPad auf und müssen die Frage beantworten: Was kommt als Nächstes? Was kommt danach? Was für eine Delle können wir im Universum hinterlassen? Wenn man im Ruf steht, mit jedem seiner Produkte die Welt zu verändern, sind das große Fragen.

Aber man muss nicht Boeing, Saatchi & Saatchi oder Apple heißen oder eine Mannschaft mit einer Siegesquote von 75 Prozent über mehr als hundert Jahre sein, um *whakapapa* für sich zu nutzen. In seinem lesenswerten Essay *Ancestors of the Mind* setzt sich Jim Traue mit dem Gedanken des *whakapapa* aus dem Blickwinkel eines Weißen auseinander und ruft dabei die Stichworte auf, die ihm aus der Literatur als geistige und kulturelle Abstammungslinie tradiert wurden: „Zu unseren Geistesahnen gehören die großen Denker des antiken Griechenland. Die Dramatiker, die Wissenschaftler, die Mathematiker, die Philosophen und Moralisten Sokrates, Plato und Aristoteles. Sie alle glaubten an die Bedeutung und die Macht der Ideen. Sie alle waren überzeugt, dass die höchste Aufgabe der Menschheit darin bestehe, das Wesen des Wahren, Schönen und Guten zu definieren." Man braucht kein All Black und auch kein Maori zu sein, um zu begreifen, dass man als Leader den Ball nach vorne bringen und an die nächste Generation weitergeben soll.

Einer von Steve Jobs Helden, noch bevor Apple zu Apple wurde, war der für den Elektrogerätehersteller Braun tätige Industriedesigner Dieter Rams. Wer seine Entwürfe aus den 1970er-Jahren mit heutigen Apple-

Produkten vergleicht, erkennt die ähnliche Handschrift. Wo es keine Abstammungslinie gab, schuf Jobs kurzerhand eine. John Lassiter von Pixar kniete unterdessen vor dem Altar von Walt Disney, und es ist sicher kein Zufall, dass Pixar zu guter Letzt von Disney übernommen wurde. Die beiden waren seelenverwandt. Die Musik spielt weiter. Erbe erzeugt Erbe; das ist der Sinn und die Kraft von *legacy*.

Jeder Mensch hat sein individuelles *whakapapa* – eine Ahnenreihe, die uns auf den Punkt auf dem Zeitstrahl gestellt hat, an dem wir stehen. Für jeden von uns ist die Gegenwart unser Moment, unsere Zeit, unsere Chance, zu erstrahlen. „Das Leben ist für mich keine Kerze, die nur kurz brennt", schrieb George Bernard Shaw. „Es ist eine Art leuchtende Fackel, die ich im Augenblick zu fassen bekommen habe, und ich will sie so hell wie möglich zum Leuchten bringen, bevor ich sie an künftige Generationen weitergebe." Lasst die Musik nicht verklingen.

*Whakapapa* ist ein Urgedanke des Menschen – angesiedelt irgendwo zwischen Spiritualismus und Philosophie, zwischen Psyche und Emotion und mit weitreichenden Implikationen für den, der führen will. Es bedeutet ein Verwalteramt in Bezug auf die Vergangenheit – widergespiegelt und mit neuer Kraft aufgeladen durch Rituale und Verantwortung – und ein Verwalteramt mit Blick auf die Zukunft. Leader mit diesem Selbstverständnis schauen nicht einfach nur auf die Wertsteigerung des Unternehmens, die Mehrung des Shareholder Value oder die Gewinn- und Verlustrechnung. Statt um Ego, Eitelkeit und Status geht es darum, einen Beitrag zum Stammbaum des Unternehmens, des Teams, ja des Planeten zu leisten – und als Individuum an einem Kontinuum mitzuwirken. Ein Denkansatz, der mit der gleichen Selbstverständlichkeit Dividenden ausschütten wird, mit der sich in einem lernförderlichen Umfeld „das Ergebnis von selbst einstellt", wie wir in Kapitel V gesehen haben. Und ein Führungsverständnis, das *mana* bewirkt. Leader haben den Auftrag, „das Trikot an einem besseren Ort wieder abzugeben". Das passt zu Jonas Salks Überzeugung, dass „es unsere oberste Pflicht ist, ein guter Ahne zu sein".

---

Viele von uns können sich kaum erinnern oder vorstellen, wie in den 1940er- und 1950er-Jahren die Ausbreitung von Polio, die damals epidemische Ausmaße angenommen hatte, die Gesellschaft fest im Griff hielt.

Jedes Jahr erkrankten weltweit 500 000 Menschen – der Albtraum jeder Mutter und jedes Vaters. „Die Allgemeinheit reagierte wie bei einer Pestepidemie“, schreibt der amerikanische Sozialhistoriker William O’Neill. „Die Stadtbewohner packte jeden Sommer von Neuem die Angst, wann der schreckliche Besucher wiederkehrte.“ Sanatorien, Prothesen und gelähmte Gliedmaßen waren überall präsent. Jonas Salk riss das Ruder herum. Am 12. April 1955 stellte er den Salk-Impfstoff vor, durch den Polio zu einer Fußnote in den medizinischen Lehrbüchern wurde. Der Impfstoff wurde wie ein Wunder bejubelt. Salk wurde über Nacht zum Helden und meistgefeierten Mann in den USA, aber er lehnte es ab, den neuen Impfstoff zum Patent anzumelden, und schenkte ihn stattdessen der Menschheit. „Ein Beispiel zu geben ist nicht die wichtigste Art, wie man andere beeinflusst“, sagte der Philosoph Albert Schweitzer. „Es ist die einzige.“ Salk gab ein weises Beispiel. Er nutzte seinen Ruhm, um darauf aufmerksam zu machen, dass sich die Menschheit ändern müsse. Konsumwahn, entfesselter Kapitalismus, Umweltzerstörung und Bevölkerungswachstum seien unhaltbar, und es sei „unsere Aufgabe, Lösungen für die gravierenden Probleme zu finden, vor denen die menschliche Rasse steht.“ In seinem wegweisenden Buch *Survival oft he Wisest* vertrat er die Auffassung, dass die Menschheit „noch nicht verstanden hat, wie wichtig es ist, den ‚Sinn‘ des Lebens – und zwar den individuellen und den kollektiven – zu verstehen und sich bewusst zu machen, wo ihr Platz im großen Evolutionsplan ist.“

„Was ist meine Aufgabe auf diesem Planeten? Was gibt es, das getan werden muss, womit ich mich ein bisschen auskenne und das wahrscheinlich nicht geschehen wird, wenn ich es nicht in die Hand nehme?“

Ein griechisches Sprichwort lehrt uns: „Eine Gesellschaft wird stark, wenn die Alten die Bäume pflanzen, in deren Schatten sie niemals sitzen werden.“ Bessere Menschen bedeuten nicht nur bessere All Blacks, sondern auch bessere Wissenschaftler, CEOs, Unternehmer, Banker, Private-Equity-Investoren, Anwälte, Agenturchefs, Metzger, Bäcker und Kerzenzieher. Sie bedeuten bessere Mütter, Väter, Schwestern und Brüder, bessere Lehrer, Politiker und Freunde. Und alle zusammen bedeuten sie im Sinne eines empathischen Kaizen eine bessere Welt.

---

Es geht um unseren „sozialer Fußabdruck“.

Unser sozialer Fußabdruck ist die Summe der Auswirkungen, die unser Leben auf andere Leben hat – oder haben kann. Die Grundlage ist der Charakter – ein tief empfundener Respekt für unsere innersten Werte. Außerdem gehört eine leidenschaftliche Suche nach unserem Lebenssinn dazu. Was ist uns heiliger als alles andere? Welchen Zweck haben wir hier auf Erden zu erfüllen? Was können wir weitergeben und vermitteln? Wo ist unser Platz im *whakapapa*?

Herausragende Mannschaften spielen für einen höheren Zweck. Angefangen vom dem Ziel, „Neuseeland zu einen und zu inspirieren" über *ubuntu* bis zu *Semper Fidelis*, der Vision, „das Automobil zu demokratisieren" oder „to make the world a better place" bis zu Martin Luther Kings „I have a dream" haben die Leader mit der stärksten Inspirationskraft immer in großen Dimensionen gedacht.

Es ist noch nicht lange her, da betrachteten wir Banker, Hedgefonds- und „Geier"-Investoren (also Anleger, die in angeschlagene Unternehmen investieren) mit Respekt, als wäre es schon genug, wenn man einfach nur Geld macht. Nach dem schmählichen Zusammenbruch der Finanzwelt hat sich das offensichtlich geändert. Gegen das Geldverdienen ist nichts einzuwenden, aber wenn es die einzige Ambition bleibt, ist das für eine heranwachsende Generation, für die menschliche Beziehungen, soziale Interaktion und Authentizität einen höheren Stellenwert haben, nicht besonders inspirierend. In einer immer säkularer werdenden westlichen Welt suchen die Menschen nach Antworten auf eine Frage, für deren Beantwortung jahrtausendelang die Religionen und ihre Institutionen zuständig waren: Wie sollen wir leben? In einem Zeitalter des Gürtel-enger-Schnallens gibt es eine Sehnsucht nach etwas, das nachhaltige Veränderungen bewirkt – nach säkularer Spiritualität statt lupenreinem Materialismus. Es hat den Anschein, dass in einer Gesellschaft, die von den Konzernen trotz aller Versprechungen schändlich im Stich gelassen wurde, der „Kapitalismus" die Chance bekommt, sich neu zu definieren und neue Spielregeln zu entwickeln. Es reicht nicht mehr, zu gewinnen. Wir müssen mit Fingerspitzengefühl gewinnen. Wir müssen das Trikot an einem besseren Ort abgeben.

---

Zum Glück für den eher sachlich denkenden Geschäftsmann führt dieser Paradigmenwechsel nicht einfach nur zu einer altruistischen Fantasie oder einer Beruhigungspille für die Gesellschaft. Er führt ganz real zu mehr unternehmerischer Leistung, Zusammenhalt und Überzeugungskraft. Sehr viel spricht dafür, dass in den nächsten Jahrzehnten – in Unternehmen oder anderswo – die Teams sich behaupten und erfolgreich sein werden, die zu einem gesünderen sozialen Fußabdruck beitragen. Sie werden die fähigeren Leute anwerben, mehr Loyalität erfahren. Sie werden davon profitieren, dass zufriedene Käufer sie weiterempfehlen werden, und eine nachhaltige Mitwirkungs- und Erfolgskultur aufbauen. Der Mehrwert, den sie für die Gesellschaft erbringen, wird sich in einen Mehrwert für das Unternehmen verwandeln.

Die Zyniker, denen es nur aufs Geld ankommt, sind entlarvt. Sie haben kein zukunftsfähiges Modell mehr vorzuweisen. Wohlstand allein ist immer weniger ein ehrbares Kriterium für Erfolg. Das kommt auf Dinnerpartys oder in Lobreden nicht mehr gut an. Indem wir Verantwortung übernehmen für etwas, das über Profitdenken hinausgeht, zapfen wir eine kollektive Energiequelle an, die nicht nur gut für die Welt, sondern auch gut fürs Geschäft ist. „Das Trikot an einem besseren Ort abgeben" heißt: Schritt für Schritt auf ein besseres Gesamtergebnis für alle hinarbeiten. Verwahrer für die Zukunft, Architekt des Morgen, Sachwalter der Gesellschaft sein. Es heißt: Respektvoll, in Demut und mit höchstem Anspruch an sich selbst leben. Es heißt: *Mana*. Für Führungspersönlichkeiten bedeutet es, dass wir wirklich führen und nicht nur managen oder verwalten, und dass andere sich mit Herzblut für unser Team aufopfern werden. Die Menschen wollen an etwas glauben, das über sie selbst hinausgeht. Die Gewissheit, etwas Sinnvolles zu tun, treibt Menschen an und bringt sie weiter. Und Menschen weiterzubringen, ist der Sinn und Auftrag eines Leaders. „Der Dienst für andere", sagt Muhammad Ali, „ist die Miete, die du für deinen Platz hier auf der Erde zahlst." Aber es geht um mehr als um Miete – es geht um Respekt: unsere Entwicklungsmöglichkeiten anerkennen und nutzen, besser als einfach nur gut sein, in größeren Dimensionen denken, umfassender denken und ambitionierter handeln.

---

Am Ende landet man wieder beim Fegen der Kabine.

Das Wort „Charakter" kommt aus dem Altgriechischen. *Kharakter* ist der Ausdruck für das Gepräge einer Münze. Analog dazu ist der Charakter die Prägung, die wir durch das Leben erfahren, und die Prägung, die wir dem Leben geben. Es ist die Wirkung, die man durch sein Dasein entfaltet. Die Spur, die man zurücklässt, wenn man aus dem Leben scheidet. Der Charakter erwächst aus unseren Werten, unserem Lebenssinn, den Standards, die wir uns selbst setzen, den Opfern und dem Einsatz, die wir bringen, und den Entscheidungen, die wir unter Druck treffen, doch vor allem definiert sich der Charakter durch den Beitrag, den wir leisten, die Verantwortung, die wir übernehmen, und die Führungsqualitäten, die wir an den Tag legen.

„Beim Rugby wird dein Charakter auf die Probe gestellt", sagt der amtierende Coach der All Blacks, Steve Hansen. „Es geht darum, dich unter Druck zu setzen und zu sehen, wie du damit fertig wirst." John Wooden sagte einmal: „Mach dir mehr Gedanken über deinen Charakter als über deinen Ruf, denn dein Charakter ist, wie du wirklich bist, während dein Ruf nur das ist, was andere von dir denken." Geprägt wird der Charakter durch die Art, wie wir auf die Herausforderungen des Lebens und des Unternehmerseins reagieren und unser Leben und unsere Teams führen. Wenn wir das Leben wertschätzen, wird das Leben uns wertschätzen. Wenn wir das Leben abwerten, achten wir uns selbst und unsere einmalige Lebenschance nicht. Das ist unsere Zeit.

Leadership lebt ohne Zweifel davon, dass wir mit gutem Beispiel vorangehen. Die Art, wie wir unser eigenes Leben führen, macht uns zum Leader – und verleiht uns *mana*.

---

## Sei ein guter Ahne

Unsere Zeit ist begrenzt. Die Einsicht in die Fragilität des Lebens ist der erste Schritt auf dem Weg zum Verstehen der Rolle und der Verantwortung, die wir als Leader übernehmen müssen. Vor allem liegt es in unserer Verantwortung, unsere Vorfahren und Nachfahren zu ehren und „das Trikot an einem besseren Ort abzugeben". Wir sind die Sachwalter unserer Organisation und müssen uns unserer Ahnenreihe annehmen. Unser heutiges Handeln wird über unsere Zeit hinaus ein Echo haben. Unser heutiges Handeln ist unser künftiges Erbe, unsere *legacy*. *Manaaki Whenua, Manaaki Tangata, Haere whakamua*. Sorge für das Land, sorge für die Menschen, geh voran.

# Sei ein guter Ahne

Pflanz Bäume, die du nie sehen wirst.

*E tipu, e rea, mō ngā rā o tōu ao.*
Wachse und verzweige dich weiter für die Tage deiner Welt.

# XV
# LEGACY

*Te tōrino haere whakamua, whakamuri.*
Die Spirale läuft vorwärts und gleichzeitig rückwärts.

SCHREIBE DEIN
VERMÄCHTNIS
Das ist deine Zeit.

Wenn ein Spieler in den Kreis der All Blacks aufgenommen wird, wird ihm ein Buch überreicht. Ein kleines schwarzes Büchlein in einem edlen Ledereinband, das wunderbar in der Hand liegt. Auf der ersten Seite ist ein Trikot abgebildet – das Trikot der Original All Blacks von 1905. Mit dieser Mannschaft beginnt das lange *whakapapa*, das wir beschrieben haben. Auf der nächsten Seite folgt das Trikot der Invincibles aus dem Jahr 1924. Auf der nächsten Seite noch ein Trikot und noch eins und so weiter bis zur Gegenwart. Diese Trikotabfolge ist ein visuelles *whakapapa* mit vielen Bedeutungsschichten. Es ist das Erbe, das sie antreten. Legacy. Auf den nächsten Seiten dieses All-Black-Handbuchs werden dem Neuling die Helden, Werte und Prinzipien sowie der Ehrenkodex, das Ethos und der Charakter der Mannschaft nahegebracht. Die restlichen Seiten sind leer. Sie warten darauf, beschrieben zu werden.

> Es ist Zeit, *deine* Zeichen zu setzen, sagen die leeren Seiten. *Deinen* Beitrag zu liefern.
> Es ist an der Zeit, ein Erbe zu hinterlassen. Dein Erbe. Deine *legacy*.
> Es ist deine Zeit.

## Die First XV – 15 Lektionen in Leadership

Eine Rugbymannschaft hat 15 Spieler, die mit vereinten Kräften auf ein gemeinsames Ziel hinarbeiten: Sie wollen gewinnen. Diesem Bild folgen auch die Lektionen in diesem Buch. Jeder/jede hat eine Rolle, eine Verantwortung und eine Position im Spiel. Zusammen ergeben sie die „First XV".

I **Fege die Kabine**
Sei dir nicht zu schade für die kleinen Dinge, die erledigt werden müssen.

II **Suche die Lücke**
Wenn du ganz oben angekommen bist, musst du dein Spiel umstellen.

III **Spiele mit Sinn und Ziel**
Frag nach dem Warum.

IV **Pass den Ball**
Leader bringen Leader hervor.

V **Schaffe ein lernförderliches Klima**
Führende sind Lehrende.

VI **No Dickheads – Schwachköpfe unerwünscht**
Folge der Speerspitze.

VII **Nimm Erwartungen an**
Wähle die höchste Wolke als Ziel.

VIII **Übe, um zu gewinnen**
Trainiere unter Druck.

IX **Bewahre einen kühlen Kopf**
Steuere deine Aufmerksamkeit.

X **Erkenne dich selbst**
Bleib dir treu.

XI **Champions geben mehr als hundert Prozent**
Such dir etwas, für das du sterben würdest, und widme ihm dein Leben.

XII **Erfinde deine eigene Sprache**
Singe deine Welt ins Dasein.

XIII **Rituale schaffen Wirklichkeit**
Etabliere eine Kultur.

XIV **Sei ein guter Ahne**
Pflanze Bäume, die du nie sehen wirst.

XV **Schreibe dein Vermächtnis**
Das ist deine Zeit.

# Whakataukī

*Haere taka mua, taka muri; kaua e whai.*
Du sollst führen, nicht folgen.

*Ehara taku toa i te toa takitahi, engari he toa takitini.*
Kein Erfolg gebührt mir allein. Jeder Erfolg ist das Werk von uns allen.

*Waiho mā te tangata e mihi.*
Überlass es anderen, deine Stärken zu loben.

*Waiho kia pātai ana, he kaha ui te kaha.*
Lass ihn weiterfragen. Fragenstellen ist seine Stärke.

*Kāore te kūmara e whāki ana tana reka.*
Die Kūmara (Süßkartoffel) braucht nicht zu sagen, wie süß sie ist.

*I orea te tuatara, ka puta ki waho.*
Wenn man sie mit einem Stöckchen piesackt, kommt die Tuatara (Echse) aus ihrem Versteck.

(Ein Problem bewältigt man dadurch, dass man stetig nach der Lösung sucht.)

*He rangi tā Matawhāiti,*
*he rangi tā Matawhānui.*
Ein Mensch mit einem begrenzten Blickfeld
sieht einen engen Horizont,
ein Mensch mit einem weiten Blickfeld
sieht einen weiten Horizont.

*Ki ngā whakaeke haumi.*
Holt die Leute zusammen, die die Teile zu einem Kanu zusammenbauen können.

(Sucht einen Anführer, der die Menschen zusammenbringt.)

*Kohia te kai rangatira, ruia te taitea.*
Sammle die gute Nahrung ein und wirf die Abfälle weg.

*Te tīmatanga o te mātauranga ko te wahangū,*
*te wāhanga tuarua ko te whakarongo.*
Die erste Lernphase: Schweigen. Die zweite: Zuhören.

*Ā muri kia mau ki te kawau mārō, whanake ake, whanake ake.*
Halte dich an die Speerspitzenformation der Kawau.

*He iti wai kōwhao waka e tahuri te waka.*
Wenig Wasser, das durch ein kleines Loch tropft, kann ein Kanu zum Kentern bringen.

*Kia urupū tātou; kaua e taukumekume.*
Lasst uns einig sein und nicht an entgegengesetzten Enden des Stranges ziehen.

*Ko taku reo taku ohooho, ko taku reo taku māpihi mauria.*
Meine Sprache ist mein Erwachen, meine Sprache ist das Fenster zu meiner Seele.

*Whāia te iti kahurangi; ki te tuohu koe, me he maunga teitei.*
Wähl dir die höchste Wolke als Ziel. Wenn du sie nicht erreichst, landest du zumindest auf einem hohen Berg.

*Ko te piko o te māhuri, te-rā te tupu o te rākau.*
Die Form des Setzlings entscheidet, wie der Baum wächst.

*Tangata akona ki te kāinga, tūngia ki te marae, tau ana.*
Wer zu Hause gut unterrichtet wird, steht mit Selbstvertrauen in der Gemeinschaft.

*Mā te rongo, ka mōhio;*
*Mā te mōhio, ka mārama;*

*Mā te mārama, ka mātau;*
*Mā te mātau, ka ora.*
Vom Zuhören zum Wissen.
Vom Wissen zum Verstehen.
Vom Verstehen zur Weisheit.
Von der Weisheit zum Wohlergehen.

*Whakapūpūtia mai ō mānuka, kia kore ai e whati.*
Binde die Äste des Manukabaums zusammen, damit sie nicht abbrechen.

*He tangata kī tahi.*
Ein Mensch, den man beim Wort nehmen kann.

*Ka tū te ihiihi.*
Sei furchtlos und wanke nicht.

*Kaua e mate wheke, mate ururoa.*
Stirb nicht wie ein Oktopus. Stirb wie ein Hammerhai.

*Taringa whakarongo.*
Lass deine Ohren hören.

*He aha te kai o te rangatira. He kōrero, he kōrero, he kōrero.*
Wovon ernährt sich ein Anführer? Von Wissen. Von Kommunikation.

*E tipu, e rea, mō ngā rā o tōu ao.*
Wachse und verzweige dich weiter für die Tage deiner Welt.

*Te tōrino haere whakamua, whakamuri.*
Die Spirale läuft vorwärts und gleichzeitig rückwärts.

*Manaaki Whenua, Manaaki Tangata, Haere whakamua.*
Sorge für das Land, sorge für die Menschen, geh voran.

# Referenzen

„Die meiste Zeit verbringt ein Schriftsteller mit Lesen. Er arbeitet sich durch eine halbe Bibliothek, um ein einziges Buch zu schreiben."

Samuel Johnson,
zitiert nach *The Life of Samuel Johnson* von James Boswell

## Monografien

Armstrong, Alan, *Maori Games and Hakas* (Reed, 1964, Neuauflage 2005)

Broadwell, Paula mit Vernon Loeb, *All In: The Education of General David Petraeus* (Penguin, 2012)

Brougham, A. E. und A. W. Reed, *Maori Proverbs* (A. H. & A. W. Reed, 1975)

Burke, Kenneth, *The Philosophy of Literary Form: Studies in Symbolic Action* (University of California Press, 1974)

Calne, Donald, *Within Reason: Rationality and Human Behaviour* (Pantheon Books, 1999)

Campbell, Joseph, *Myths to Live By* (Viking Press, 1972). – Deutsche Ausgabe: *Lebendiger Mythos. Gedanken über die inneren Horizonte* (Goldmann, 1991)

Campbell, Joseph mit Bill Moyers, *The Power of Myth* (Doubleday, 1988). – Deutsche Ausgabe: *Die Kraft der Mythen* (Artemis, 1989)

Carlson, Anthony, Donald P. Wright und Michael Doidge, *Thunder Run, a case study in Misssion Command, Baghdad* (Combat Studies Institute Press, iBook, 2013)

Chandler, Alfred Dupont, *Strategy & Structure: Chapters in the History of the Industrial Enterprise* (MIT Press, 1962)

Chatwin, Bruce, *The Songlines* (Vintage Classics, 1986). – Deutsche Ausgabe: *Traumpfade* (Hanser, 1990)

Cochrane, Brett und James Kerr, *Twenty Eight Heroes* (Teddy Bears Press, 1991)

Codrington, Robert, *The Melanesian Languages* (Clarendon Press, 1885)
Collins, Jim, *Good to Great* (Random House, 2001). – Deutsche Ausgabe: *Der Weg zu den Besten. Die sieben Management-Prinzipien für dauerhaften Unternehmenserfolg* (Campus, 2011)
Covey, Stephen R., *The 7 Habits of Highly Effective People* (Simon & Schuster, 2004). – Deutsche Ausgabe: *Die sieben Wege zur Effektivität* (Campus, 1992)
Feinstein, John, *A Season on the Brink* (Fireside, 1986)
Fitzpatrick, Sean und Andrew Fitzgerald, *Winning Matters: Being the Best You Can Be* (Penguin, 2011)
Frankl, Victor E., *Man's Search for Meaning* (Ebury, 2004). – Deutsche Ausgabe: *… trotzdem Ja zum Leben sagen. Ein Psychologe erlebt das Konzentrationslager* (dtv, 1989)
George, Bill, *True North: Discover Your Authentic Leadership* (Jossey Bass, 2007)
Gilson, Clive, Mike Pratt, Kevin Roberts und Ed Weymes, *Peak Performance: Business Lessons from the World's Top Sports Organizations* (HarperCollins, 2001)
Goethals, George, Georgina Sorenson und James MacGregor Burns, *Encyclopedia of Leadership* (Sage, 2004)
Handy, Charles, Empty Raincoat: *Making Sense of the Future* (Arrow, 2002)
Hite, J., *Learning in Chaos* (Gulf Publishing Company, 1999)
Howitt, Bob, *Graham Henry: Final Word* (HarperCollins, 2012)
Isaacson, Walter, *Steve Jobs: The Exclusive Biography* (Little, Brown, 2011). – Deutsche Ausgabe: *Steve Jobs* (Bertelsmann, 2011)
Jackson, Phil und Hugh Delehanty, *Sacred Hoops* (Hyperion, 1995)
Kabat-Zinn, Jon, *Wherever You Go, There You Are* (Hyperion, 1994). – Deutsche Ausgabe: *Im Alltag Ruhe finden – Meditationen für ein gelassenes Leben* (Argon, 2015)
Kahneman, Daniel, *Thinking, Fast and Slow* (Farrar, Strauss and Giroux, 2011). – Deutsche Ausgabe: *Schnelles Denken, langsames Denken* (Siedler, 2012)
Kerr, James und Nick Danziger, *Mana* (Hachette, 2010)

Kipling, Rudyard, *The Second Jungle Book* (Macmillan Publishers, 1895). – Deutsche Ausgabe: *Das zweite Dschungelbuch* (Haffmans, 1997; vollständig: Fischer Taschenbuch 1995)

Kotter, John, *Leading Change: An Action Plan from the World's Foremost Expert on Business Leadership* (Harvard Business Press, 1996). – Deutsche Ausgabe: *Chaos, Wandel, Führung* (Econ, 1997)

Lombardi, Jr., Vince, *The Lombardi Rules* (McGraw-Hill, 2003)

Longworth, Philip, *The Art of Victory* (Holt, Rinehart, and Winston, 1965)

Masaaki, Imai, *Kaizen: The Key to Japan's Competitive Success* (Random House, 1986)

McCaw, Richie mit Greg McGee, *The Real McCaw* (Hachette NZ, 2012)

McConnell, Robin, *Inside the All Blacks* (HarperCollins, 1998)

Moko Mead, Hirini und Neil Grove, *Ngā Pe-peha a ngāTīpuna (The Sayings of the Ancestors)* (Victoria University Press, 2001)

Moore, Richard, *Sky's Limit: Wiggins & Cavindish: The Quest to Conquer the Tour de France* (Harper Sport, 2011).

Patterson, Kerry, Joseph Grenny, David Maxfield, Ron McMillan und Al Switzler, *Influencer: The Power to Change Anything* (McGraw-Hill, 2008)

Peters, Tom, *Thriving on Chaos* (HarperBusiness, 1989). – Deutsche Ausgabe: *Kreatives Chaos. Die neue Management-Praxis* (Hoffmann und Campe, 1988)

Peters, Tom und Robert H. Waterman, Jr., *In Search of Excellence: Lessons from America's Best-Run Companies* (HarperBusiness, 1992)

Pink, Daniel L., *Drive: The Surprising Truth about What Motivates Us* (Canongate, 2011). – Deutsche Ausgabe: *Drive. Was Sie wirklich motiviert* (Ecowin, 2011)

Plimpton, George, *Paper Lion* (Harper & Row, 1965)

Richards, Ellen, *Euthenics: The Science of Controllable Environment: A Plea for Better Conditions As a First Step Toward Higher Human Efficiency* (Whitcomb & Barrows, 1912)

Salk, Jonas, *Survival of the Wisest* (Harper & Row, 1973). – Deutsche Ausgabe: *Wir können überleben. Die zweite Evolution des Menschen* (Herder, 1975)

Sartre, Jean-Paul, *Essays in Existentialism* (Citadel Press, 1967)
Schwarzenegger, Arnold, *Total Recall: My Unbelievable True Life Story* (Simon & Schuster, 2012). – Deutsche Ausgabe: *Total Recall* (Hoffman und Campe, 2012)
Sinek, Simon, *Start with Why: How Great Leaders Inspire Everyone to Take Action* (Penguin, 2009). – Deutsche Ausgabe: *Frag immer erst: warum. Wie Führungskräfte zum Erfolg inspirieren* (Redline, 2014)
Stone, W. Clement und Napoleon Hill, *Success Through a Positive Mental Attitude* (Prentice-Hall, 1960). – Deutsche Ausgabe: *Erfolg durch positives Denken* (Keller, 1967)
Suvorov, Alexander Vasilyevich, *The Science of Victory* (1776). – Deutsche Ausgabe: Suworow, Alexander, *Die Kunst des Siegens*
Suzuki, Shunryu, *Zen Mind, Beginner's Mind* (Shambhala, 2011). – Deutsche Ausgabe: *Zen-Geist, Anfänger-Geist* (Theseus 2014)
Syed, Matthew, *Bounce: The Myth of Talent and the Power of Practice* (HarperCollins, 2010). – Deutsche Ausgabe: *Was heißt schon Talent? Mozart. Beckham, Federer und das Geheimnis von Spitzenleistungen* (Riemann, 2010)
*Te Taiao: Ma-ori and the Natural World* (Bateman, 2010)
Thompson, Jeffrey, *Flicker to Flame. Living with Purpose, Meaning and Happiness* (Parker, 2006)
Thucydides, *History of the Peloponnesian War*. – Deutsche Ausgabe: *Thukydides, Geschichte des Peloponnesischen Krieges*
Tozawa, Bunji und Norman Bodek, *The Idea Generator: Quick and Easy Kaizen* (PCS Press, 2001)
Traue, J. E., *Ancestors of the Mind: A Pakeha Whakapapa* (Gondwanaland Press, 1990)
Tu, Khoi, *Superteams: The Secrets of Stellar Performance from Seven Legendary Teams* (Penguin, 2012)
Tutu, Bishop Desmond, *No Future Without Foregiveness* (Image, 2000). – Deutsche Ausgabe: *Keine Zukunft ohne Versöhnung* (Patmos, 2001)
Ulrich, David, *Delivering Results: A New Mandate for Human Resource Professionals* (Harvard Business School Press, 1991). – Deutsche Ausgabe: *Strategisches Human-Ressource-Management* (Hanser 1999)

US Department of Defense, *Dictionary of Military and Associated Terms* (US Department of Defense, 2013), abrufbar unter www.dtic.mil/doctrine/dod_dictionary

Verdon, Paul, *Tribute* (Cumulus, 2001)

Walsh, Bill mit Steve Jamison und Craig Walsh, *The Score Takes Care of Itself: My Philosophy of Leadership* (Penguin, 2009)

Wolfe, Tom, *The Electric Kool Aid Acid Test* (Picador, 2008). – Deutsche Ausgabe: *Der Electric Kool-Aid Acid Test* (Random House, 2009)

Wooden, John, *A Lifetime of Observations and Reflections On and Off the Court* (McGraw-Hill, 1997)

Wooden, John und Steve Jamison, *The Wisdom of Wooden: My Century On and Off the Court* (McGraw-Hill, 2010)

Zaffron, Steve und Dave Logan, *The Three Laws of Performance: Rewriting the Future of Your Organization and Your Life* (John Wiley & Sons, 2011). – Deutsche Ausgabe: *Drei Schritte voraus. Von morgen berichten, die Zukunft neu schreiben und heute mehr leisten* (Wiley-VCH, 2012)

## Essays/Artikel/Vorträge

Alderson, Andrew, *Rugby: Chiefs riding a surging tide in title defence bid*, abrufbar unter http://www.nzherald.co.nz/sport/news/article.cfm?c_id=4&objectid=10863073

Ashton, Brian, *All Blacks Red/Blue Thinking Lights: A Path Everyone Else Should Follow*, abrufbar unter http://www.independent.co.uk/sport/rugby/rugby-union/news-comment/brian-ashton-all-blacks-red-blue-thinking-lights-a-path-everyone-else-should-follow-6257512.html (2011)

Bargh, John A., Mark Chen und Lara Burrows, *Automaticity of Social Behaviour: Direct effects of trait construct and stereotype activation on action*, (Journal of Personality and Social Psychology, 1996)

Boyd, John R., *Destruction and Creation*, US Army Command and General Staff College (1976), abrufbar unter www.goalsys.com/books/documents/destruction_and_creation.pdf

Cleaver, Dylan, *The stuff of champions: Dan Carter* (New Zealand Herald, 2012)

Collins, Tom, *Mythic Reflections: Thoughts on Myth, Spirit, and Our Times: An Interview With Joseph Campbell*, The New Story (Contect Institute 1985/86)

Dempsey, General Martin E., *America's Military: A Profession of Arms*, US Department of Defense (2012), abrufbar unter http://archive.defense.gov/news/newsarticle.aspx?id=67303

Erhard, Werner, Michael C. Jensen und Steve Zaffron, *Integrity: Where Leadership Begins – A New Model of Integrity*, Barbados Working Paper/Harvard Business School NOM

Working Paper No. 07-03 (2007), abrufbar unter papers.ssrn.com/sol3/papers.cfm?abstract_id=983401

Hawley, Pamela, http://pamelahawley.wordpress.com/2013/01/18/the-self-esteem-of-leadership/

Department of the Army headquarters, http://www.bits.de/NRANEU/others/amd-us-archive/fm6(03).pdf/ Mission Command: Command and Control of Army Forces/ (2003)

Henry, Graham, https://www.therugbysite.com/blog/leadership-management/my-most-important-lesson

Jensen, Michael C., *Integrity: Without It Nothing Works*, Rotman Magazine: The Magazine of the Rotman School of Management (Fall 2009), Barbados Working Paper No. 09-04/Harvard Business School NOM Working Paper No. 10-042 (2007), abrufbar unter papers.ssrn.com/sol3/papers.cfm?abstract_id=1511274

Kasekove, Evan, *The Legacy of Bob Knight* (The Muhlenberg Weekly, 2011)

Kotter, John, *The Power of Stories*, (https://www.forbescom/2006/04/12/power-of-stories-oped-cx_jk_0412kotterhtml#7073801f6aee)

Luck, General (Retired) Gary and the JS j7 Deployable Training Division, *Insights and best practices paper; Mission Command and Cross-Domain Synergy*, abrufbar unter http://www.jcs.mil/Portals/36/Documents/Doctrine/fp/mission_command_fp.pdf

Maslow, Abraham, *A Theory of Human Motivation*, Psychological Review, 50 (1943)

McKendry, Patrick, *All Blacks: Preparation is the Key* (New Zealand Herald, 2012)

Paul, Gregor, *The All Blacks' longest night heralded a new dawn*, abrufbar unter http://www.nzherald.co.nz/sport/news/article.cfm?c_id=4&objectid=10842222/New Zealand Herald, 2012

Reason, Mark, *The Voice of Reason*, abrufbar unter https://www.therugbysite.com/blog/news-opinions/what-stuart-lancaster-can-really-learn-from-bill-walsh

Rogers, Keith, https://www.reviewjournal.com/local/local-las-vegas/air-force-helping-hone-new-corps-of-leaders/

Rose DR, *Fact Sheet – Polio Vaccine Field Trial of 1954* (March of Dimes Archives, 11. 02. 2004).

Rutledge, Pamela, *Transmedia Storytelling: The Psychological Power of Story*, abrufbar unter http://www.pamelarutledge.com/2011/02/10/transmedia-storytelling-the-psychological-power-of-story/, 2011

Sheringham, Sam, http://www.bbc.co.uk/blogs/samsheringham/2012/06/tino_best_from_the_ridiculous.html

Slater, Matt, www.bbc.co.uk/blogs/matterlater

Tozawa, Bunji; *The improvement engine: creativity & innovation through employee involvement: the Kaizen teian system*. Japan Human Relations Association (1995). Productivity Press, S. 34 ff.

## Filme

*Training with the Forwards: Brad Thorn*, Whero Films
www.youtube.com/watch?v=VOS5O0-RItM
*Inside the Black Jersey; Chapter Four: The Coaches*
www.youtube.com/watch?v=agJMEP_C2kQ

## Websites

www.bbc.co.uk/news
www.billgeorge.org
www.coachwooden.com
www.fastcompany.com
www.frontrowgroup.co.uk
http://chalkproject.org/www.gazing.com
www.hbr.org
www.independent.co.uk
www.inthewinningzone.com
www.krconnect.blogspot.com
leadership.wharton.upenn.edu
www.londonbusinessforum.com
www.management.co.nz
www.nature.com
www.newsroom.ucla.edu
news.stanford.edu
www.nzherald.com
www.realestatebusiness.com.au/better-business/4838-leader-mind-games
www.reviewjournal.com
www.sportspsychologybasketball.com
www.teara.govt.nz
www.telegraph.co.uk
www.theroar.com.au
www.therugbysite.com

## Hakatexte/Dialoge

*Any Given Sunday*, Spielfilm von John Logan und Oliver Stone, Regie: Oliver Stone, Warner Bros, Ixtlan, Donner's Company (1999)

Der Haka *Ka Mate* wurde von Te Rauparaha von Ngāti Toa geschrieben.

Der Haka *Kapa o Pango* wurde von den All Blacks mit Derek Lardelli von Ngāti Porou erarbeitet, unter Verwendung von Texten von *No Niu Tirini*, dem Haka, den die All Blacks von 1924 aufführten, der vom *Haka* des Erdbebengotts Raumoko *Ko Ruaumoko e ngungurunei* abgeleitet worden war.

Die Formulierungen „barfüßiger Guru", „Becher mit Kohlenhydrate-Drinks" und „etwas groß geratene Schuljungs" sind dem Buch *Twenty Eight Heroes* von Cochrane und Kerr entnommen.

**Interviews**
Sir Graham Henry, Wayne Smith, Gilbert Enoka, Sean Fitzpatrick, Andrew Mehrtens, Anton Oliver, Owen Eastwood, Kevin Roberts, Will Hogg, Ed Woodcock, Roger Hart, Justin Hughes, Ken Franks, Bede Brosnahan, Richie McCawu und die All Blacks von 2010.

Mein besonderer Dank gilt Bede Brosnahan und Gazing Performance Systems für Hinweise zum Intensivtraining und zum Leistungsverhalten in Drucksituationen. Ebenfalls besonders bedanken möchte ich mich bei Will Hogg und Kinetic Consulting für Hinweise zu den Themen Kulturveränderung und Engagement.

Ein spezieller Dank geht an Greg McKee – insbesondere für die Geschichte von Onkel Bigsy in *The Real McCaw*, an Bob Howitt für überaus wertvolle Hintergrundinformationen zu den Passagen über Kulturveränderung, an Gregor Paul für Einblicke in das „mind game" sowie an Owen Eastwood für seine Erkenntnisse zu Kultur und Wettbewerbsvorteilen. Ein besonderer Dank geht an Roger Hart, Ed Woodcock und die Aesop Agency für Erkenntnisse und Hinweise zum markenbezogenen Storytelling.

Nähere Informationen zum Autor finden Sie unter
fablepartners.com/partners

# Dank

Mein Dank gilt Sir Graham Henry, Wayne Smith, Steve Hansen und Gilbert Enoka, die mir ihre Zeit geopfert und wertvolle Einblicke vermittelt haben. Ich danke Richie McCaw und seinen All Blacks, dass sie mich in ihre Welt aufgenommen und den Webb Ellic Cup wieder dorthin zurückgeholt haben, wo er hingehört. Danke Sean Fitzpatrick, Andrew Mehrtens und Anton Oliver, für ihre Zeit und dafür, dass sie das Trikot an einem besseren Ort abgegeben haben. Danke Steve Tew, Brian Finn, Darren Shand und Joe Locke für ihre Professionalität und die unsichtbare Arbeit, die sie hinter den Kulissen für den neuseeländischen Rugbysport leisten. Danke an den Maschinenraum der All Blacks von 2010 – Dr. Deb Robinson, Peter Gallagher, Nic Gill, Peter Duncan, Alistair Rogers, Mike Cron, Bianca Thiel, Grunta – und Poss. Tausend Dank und herzlichen Glückwunsch.

Kevin Chapman und Warren Adler vielen Dank für ihr Vertrauen. Ich hoffe, wir haben ein Vermächtnis hinterlassen. Danke, George Kerr, für seinen scharfen Verstand und für seine Unterstützung. Danke, Julie Helsen und Jan Clarke, für ihre Arbeit mit benachteiligten Kindern in Neuseeland. Ihr seid Helden. Danke, Nick Danziger, dass du mir den Rücken freigehalten hast, und herzlichen Dank für dein Können und deine Freundschaft.

Mein Dank geht auch an Owen Eastwood von Hoko und Lewis Silkin, Will Hogg von Kinetic Consulting, Justin Hughes von Mission Excellence, Kevin Roberts von Saatchi & Saatchi, Paul Vaughan von Cardinal Red, Robbie Deans, Ken Franks und Bede Brosnahan von Gazing Performance Systems und an meine Kollegen und Klienten, die mir über Jahre Einblick in die Geschäftswelt und ihre Unterstützung gewährt haben. Mein besonderer Dank gilt Roger Hart, Ed Woodcock, Martin Grimer, Jim Paterson, Stephen Woodward und allen Mitarbeitern der Aesop Agency – sie waren „die beste Storytelling-Agentur der Welt". Danke auch für die Kreativität und Intelligenz, die sie eingebracht haben. Das gilt besonders für Dan Calderwood für sein Design-Auge, sowie Fiona Chapman und Amy Loughnane für ihre unendliche Geduld.

Mein besonderer Dank gilt den Autoren, aus deren Werken ich zitiert habe. Mir ist sehr wohl bewusst, dass ich beim Verfassen dieses Buches auf die Schultern von Riesen geklettert bin. Ich hoffe, ich bin euren Gedanken trotz des begrenzten Platzes gerecht geworden. Ausdrücklich erwähnen möchte ich Daniel Kahnemann, Daniel Pink, Victor Frankl, Bruce Chatwin, Stephen Sinek, Bob Howitt, Greg McGee, Matthew Syed, Bill Walsh, Jim Collins, John Wooden, Vince Lombardi, Phil Jackson, Pat Williams und Clive Woodward. Außerdem bedanke ich mich bei Wynne Grey, Gregor Paul, Spiro Zavos, Pamela Hawley, Keith Quinn, David Benuik, Delice Coffey, Keith Rogers, Reg Birchfield und all den anderen Wirtschafts- und Rugbyjournalisten, deren Arbeit in dieses Buch eingeflossen ist und die mich immer auf dem Laufenden gehalten haben

Ein herzlicher Dank geht an George Plimpton, mit dessen *Paper Lion* alles anfing.

Mein Dank gilt außerdem Inia Maxwell, Kateia Burrows, Lauren Timihou-Farnsworth und den Mitarbeitern und Mitarbeiterinnen von Te Puia, Rotorua, sowie NZTC International für ihre Unterstützung bei den *Whakataukī*. Mir ist bewusst, dass ich mit heiligen Überzeugungen der Maori arbeite, und ich darf sagen, dass ich dies mit einem Höchstmaß an Respekt und Ehrfurcht tue. Auch meine Vorfahren sind in Aotearoa begraben.

Andreas Campomar, Charlotte Macdonald, Sam Evans, Rob Nichols und Clive Hebard bei Constable & Robinson: Vielen Dank, dass Sie diese Idee unterstützt und verwirklicht haben. Danke an Fritha Saunders, dass sie an dieses Projekt geglaubt hat, Howard Watson für die Präzisionsarbeit und meiner Agentin Pippa Masson für die weisen Ratschläge.

Danke, Simon Coley und Jodi Redden, Sofia und Lu Lu, für meine zweite Heimat in Neuseeland – dieses Buch und diese Worte können es nicht aufwiegen. Kristina Stoianova, Richard Boon, Cindy Baxter, Matthew and Ainsley Johnstone, Katherine Bonner, Keith Tannock, Andrew Donaldson, Sam Martin, Rob Kerr, Jane Kerr sowie Paul und Val Pelham – herzlichen Dank euch allen. Ihr alle habt auf eure Weise mitgeholfen, dieses Buch möglich zu machen. Ich danke meinen Söhnen Sam und Charlie. Ihr seid meine *legacy*.

Abschließend mein ewiger Dank an Holly.

Für alles, für immer.

*Ehara taku toa i te toa takitahi, engari he toa takitini.*
Kein Erfolg gebührt mir allein. Jeder Erfolg ist das Werk von uns allen.